发现植物

好吃的植物

编著 张军 裴鹏 段艳芳 常煜华 刘凤
摄影 寿海洋
审读 刘凤
目录 刘凤 裴鹏 张军
插画 池鸿鸥
手工 郑英女

少年儿童出版社

●这本书带你认识那些熟悉又陌生的美味食用植物

别名和花期让你能更快在路边、果园、农田里发现它们

漫画拓展，原来这种食用植物还有这么有趣的小知识

标注拼音，再也不怕念错植物的名字

每和合页介绍一种主要食用植物，从这一种植物出发，发散出更多相关植物

整株照片，当你在自然界遇见它时，看到的它通常是这样的

全书按照植物的主要食用部位进行分类，你可以根据食用植物的种类从目录找到对应的植物篇章，也可以直接翻阅图书查找

高清花、果大图，轻松看清植物细节

植物文化、植物故事，有趣的知识轻松读

注意：本书中《植物手作》栏目须在家长看护下完成。

说起玉米，你的眼前可能会出现一望无垠的青纱帐，那是高过人头的玉米矗立在田地里形成的风景；你的舌尖则会泛起香甜，想起那清香四溢的水煮玉米棒，真是秋天里馋人的好滋味呀。

玉米的根部长有气生根，能让自己站得更稳

玉米的雄花长在植株的顶端，雌花长在叶腋中，授粉后，会结出果实

想了解更多花、叶、果实特征，这些小标签、小照片帮你实现

玉米的老家在中南美洲，后来被引种到世界各地。玉米含有丰富的营养物质，是人们重要的粮食作物和饲料作物。现在玉米已经成为世界上年产量第一的粮食作物。

平时我们吃到的玉米，有的比较硬，有的比较糯，有的粉粉的，有的甜嫩多汁……这是品种不同的缘故。经过农业工作者的辛勤选育栽培，开发出各种“性格”不同的玉米。比如甜玉米，蔗糖含量是普通玉米的好几倍，可以煮熟直接吃，也可以做成冷冻玉米粒作为色拉、炒菜和甜品的食……乎全由容易消化的支链淀粉组成，口感粘糯，是品……的玉米淀粉可作为食品增稠剂。还有一种爆裂玉米……粒内的水分遇高温而爆裂，适合做成爆玉米花，……油玉米，顾名思义，制造玉米油的原料就是它了……

除了食用，玉米还可以酿酒和制造工业酒精……都不必丢弃，它们在食品、化工、医药、纺织、……可生产一种名叫糠醛的有机化工产品；玉米秸秆……叶都可以由巧手的手工艺人编织出精致的手工……

创意植物手工，就地取材，上手轻松，成就满满

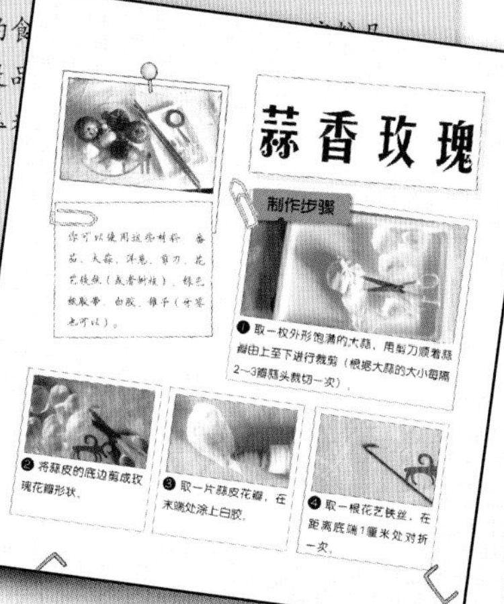

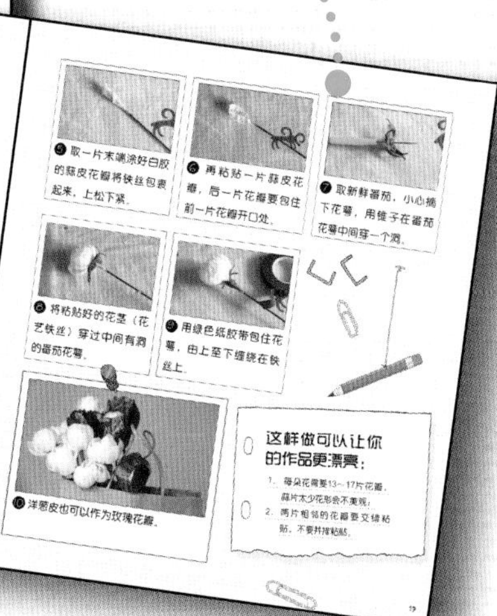

知识拓展，了解更多植物背后的故事

目录

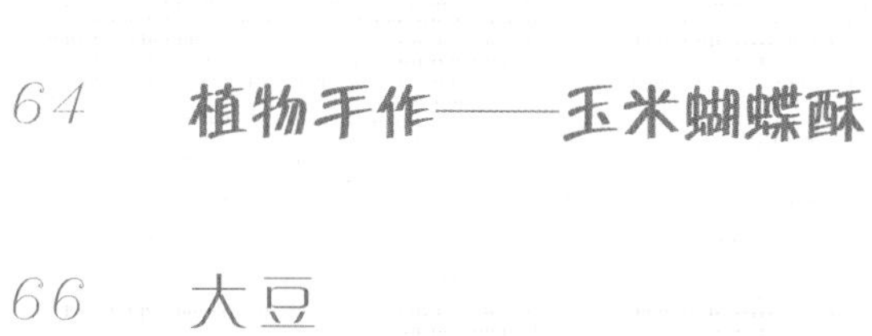

xiāng fěi
香 榧

【别名】羊角榧、细榧
【学名】*Torreya grandis*
【家族】红豆杉科
【株高】可达25米
【分布】产于浙江诸暨、东阳，栽培历史悠久
【花期】4月

香榧是雌雄异株的，一棵树或雌或雄

香榧橄榄形的种子，壳很硬

围棋盒也常用香榧木来制作

香榧的种子外面包裹着厚厚的肉质假种皮

放大看看香榧的叶子

《西游记》里的人参果名气很大，号称“三千年一开花，三千年一结果，再三千年方得成熟”。当然这是神话，在我们身边有一种类似的植物——香榧。它虽然没有人参果那么夸张，但也是个耐心极好的树种——第一年花芽分化，第二年结子，第三年种子成熟，号称“三代果”。耗费这么长时间才长出的种子香榧子，经过炒制后香美酥脆，是一种香气扑鼻、催人食欲的坚果。

唐朝时，香榧子的好吃就被写进了书里：“（榧）子如长槟榔，食之肥美”。而宋代大文豪苏轼的名句“彼美玉山果，粲为金盘实”更是使得香榧声名鹊起，香榧作为干果珍品开始盛行并扩大栽培。经过元明清三代的大规模栽培，香榧已经遍及浙江会稽山区。香榧种仁营养丰富，又有祛除肠道寄生虫和润肠通便的功效，还可以榨食用油和制润滑剂。

除了种子好吃，中国人对香榧的使用还要追溯到更久以前。香榧是从榧树自然变异中经人工选育嫁接繁殖而成的优良品种。榧树很早就被我国人民所认识，湖北睡虎地秦墓竹简《秦律十八种·司空》和《尔雅·释木》中的“柀（bǐ）”、“煔（shān）”就是榧树。在那之后的很长一段时期，榧树都是造船、工艺雕刻、打造家具的重要木材。现在，野生的榧树是国家二级重点保护野生植物。2013年5月29日，我国浙江会稽山那片古香榧群被联合国粮农组织正式批准为全球重要农业文化遗产保护试点。

hú táo

胡桃

【别名】核桃
【学名】*Juglans regia*
【家族】胡桃科
【株高】3~30 米
【分布】产于华北、西北、西南、华中、华南和华东，分布于中亚、西亚、南亚和欧洲
【花期】花期5月，果期10月

胡桃树树皮银灰色，树体高大

去掉果肉以后的胡桃，露出人们熟悉的模样

胡桃就是我们常吃的核桃，现在市场上能买到黑糖核桃仁、琥珀核桃仁、盐烤核桃仁……这都是人们想尽各种办法加工出来的果仁，胡桃是一种外壳极其致密的坚果，想吃到里面香甜营养的果仁可不是容易的事。在没有胡桃夹子的时候，人们尝试了各种办法，砸、挤、压……最随手可得的工具当属门和转轴之间的缝隙，把核桃放进去，慢慢关上门。结果胡桃仁是吃到了，门却被挤坏了，这就是吃货的代价。

胡桃的雌花，未来会长出果实

胡桃树是一种高大的乔木，树冠广阔，每个叶子对生的小枝条有我们铅笔盒中常用的直尺那么长。枝梢长着 5 ~ 9 枚椭圆形小叶。胡桃花分雌雄，雄花的苞片、小苞片及花被片均被腺毛，摸起来毛茸茸的。雌花将来会长成核桃果实，雄花的穗状绿轴是凉拌菜的好材料。

每朵雄花有 6 ~ 30 枚雄蕊，花药黄色

不少人想当然地认为我们吃的胡桃仁就是胡桃的果肉，其实这是果实里的果核。成熟的胡桃果实是绿色球形的果子，外表很光滑，看起来就像一个个大青枣。用刀割开厚厚的果肉，才会见到里面的褐色木质果核。把果核取出来晒干之后，才变成我们日常见到的胡桃模样。

这种“胡桃夹子木偶”原本是夹碎胡桃的好工具

栗

【别名】栗子、板栗、魁栗、毛栗、风栗
【学名】*Castanea mollissima*
【家族】壳斗科
【株高】3~20 米
【分布】亚洲、欧洲南部及其以东地区、非洲北部、北美东部，我国各省区广为栽培
【花期】花期 4—6 月，果期 8—10 月

长满刺的壳斗

栗子裂开的壳斗里有 1 ~ 3 个坚果

炒栗子之前在栗子身上划一个裂口，炒完后很容易就能掰开果皮

枝条上毛茸茸的雄花序

栗子树可以长得很高大

深秋季节，栗子上市了，街头巷尾到处飘散着糖炒栗子的香味儿。栗子的果仁中含有丰富的淀粉和糖，生食熟食均可，最常见的吃法是糖炒栗子。在一个大锅中加入导热的黑砂使栗子受热均匀，加入的糖加热融化后黏附于栗子果皮的绒毛上，使栗子的果皮散发出诱人的光泽和香甜味儿。坚韧的巧克力色果皮与里面的柔软种皮之间虽然有缝隙，但是炒熟之后常常不易分离。

虽然栗子几乎人人都吃过，但你要是在森林里遇到一棵栗子树，可不一定认得出它来。因为一颗颗光滑坚硬的栗子都被裹在长满刺的壳斗里，看起来像一颗颗绿色的刺毛头。壳斗是保护栗子果实的外衣，它长得这么凶猛，是为了避免栗子还没成熟就被贪吃的动物盯上。每个壳斗里有 1 ~ 3 个坚果，成熟后，壳斗会裂开，露出里面光滑的褐色栗子。

栗子除了栗仁能让我们大饱口福之外，栗子花的花蜜和花粉也是勤劳的小蜜蜂们酿制上等栗子花蜜的重要原料。盛夏时节，栗子的雄花和雌花同株开放，雄花像条细长的毛毛虫，雌花像枚小毛球点缀在雄花与树枝相连的基部。栗子花散发出的味道有些刺鼻，算不上清香。花开过后，经蜜蜂传粉，假以时日，树梢上就会长出一颗颗刺猬一般的壳斗了。

xiàng rì kuí

向日葵

【别名】丈菊、秘鲁太阳花
【学名】*Helianthus annuus*
【家族】菊科
【株高】1~3米
【分布】原产北美墨西哥，世界各国均有栽培，我国主要分布于东北和内蒙古
【花期】花期7—9月，果期8—9月

向日葵花盘由两种花组成，外侧的舌状花和内侧的管状花

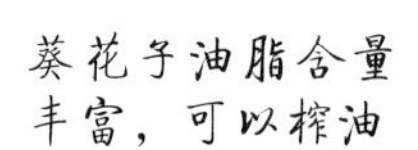

葵花子油脂含量丰富，可以榨油

夏天时，向日葵一直追着太阳转吗？只有“年轻”的向日葵才会把自己硕大的花盘对着太阳，好接收更多阳光促进种子的成熟。而那些老了的向日葵“脖子”就转不动了。16世纪时，向日葵从墨西哥被引入欧洲，作为观赏花卉。19世纪中期，葵花子被大规模用于榨油。除了用来吃，葵花子还能制作人造牛油和肥皂。

向日葵是一年生的高大草本，它的茎、叶、花盘都被白色粗硬毛覆盖，摸上去有些扎手。向日葵最美的，是它的头状花序，也就是那金黄色的大圆盘，常有人把脸凑过去与花盘比大小而败下阵来。花序单生于茎端或枝端，常因太重而下倾。其实，向日葵开的并不是一朵花，而是由上千朵小花组成的花盘，花分两种：舌状花和管状花。黄色艳丽的舌状花不结实，环绕于花托边上，主要用来吸引昆虫。而管状花占了极多数，它们呈棕色或紫色，能结果实，也就是葵花子。

葵花子长约1厘米，去除外面的硬壳，里面的种子含油量很高。炒熟后的葵花子，香气更足，吃起来香脆可口，很容易上瘾。从明代开始，嗑瓜子就成了人们茶余饭后的嗜好，西瓜子和南瓜子都曾备受人们喜爱，而从民国开始，葵花子逐渐成了嗑瓜子的首选。

向日葵的直立茎可高达1～3米

多层总苞片包裹着花盘

向日葵的花序呈现神奇的斐波那契数列，便于昆虫授粉

蒜香玫瑰

你可以使用这些材料：番茄、大蒜、洋葱、剪刀、花艺铁丝（或者树枝）、绿色纸胶带、白胶、锥子（牙签也可以）。

制作步骤

❶ 取一枚外形饱满的大蒜，用剪刀顺着蒜瓣由上至下进行裁剪（根据大蒜的大小每隔2～3瓣蒜头裁切一次）。

❷ 将蒜皮的底边剪成玫瑰花瓣形状。

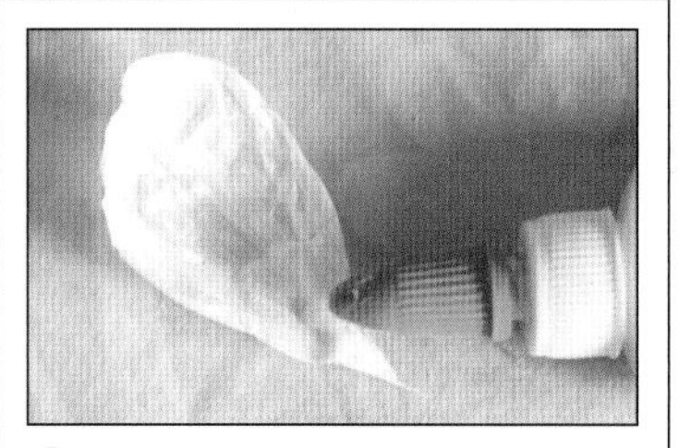

❸ 取一片蒜皮花瓣，在末端处涂上白胶。

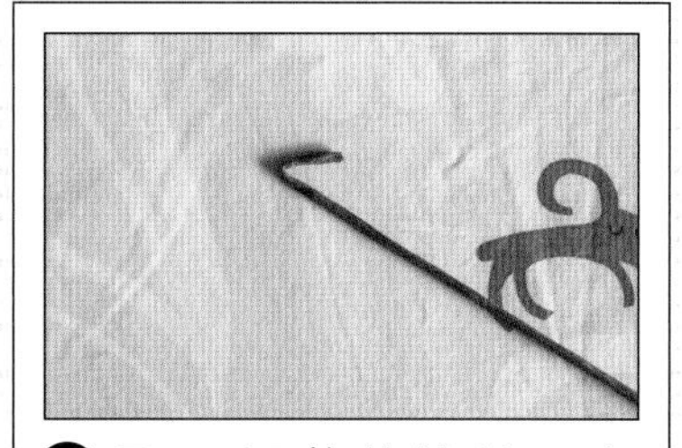

❹ 取一根花艺铁丝，在距离底端1厘米处对折一次。

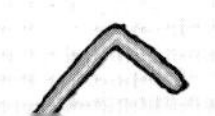

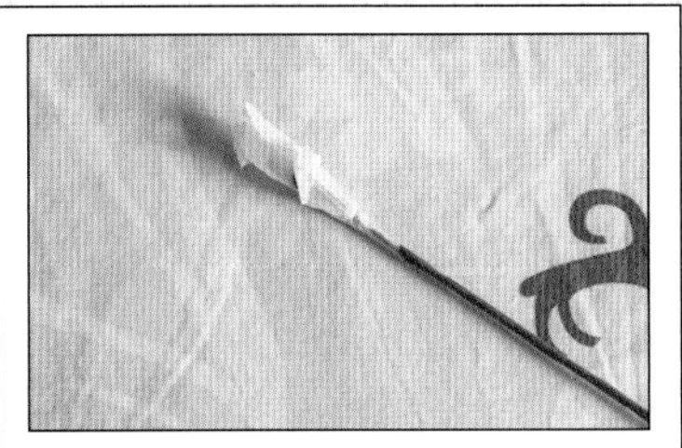

❺ 取一片末端涂好白胶的蒜皮花瓣将铁丝包裹起来，上松下紧。

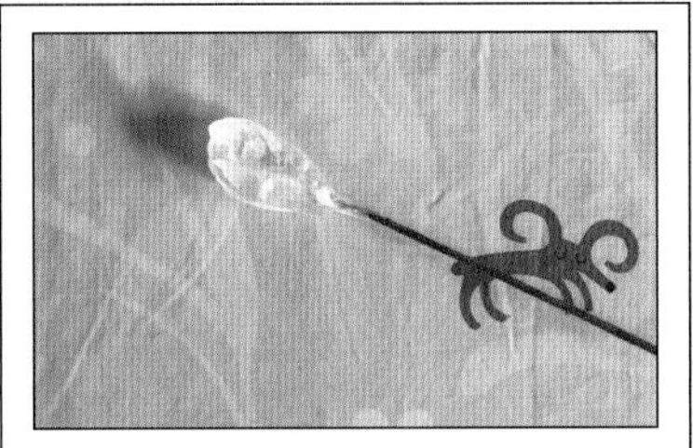

❻ 再粘贴一片蒜皮花瓣，后一片花瓣要包住前一片花瓣开口处。

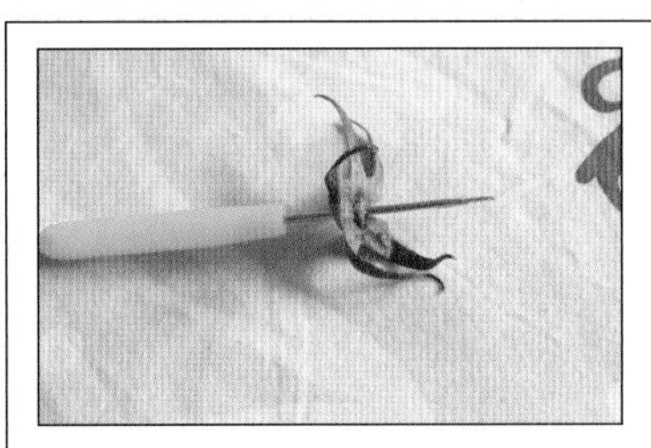

❼ 取新鲜番茄，小心摘下花萼，用锥子在番茄花萼中间穿一个洞。

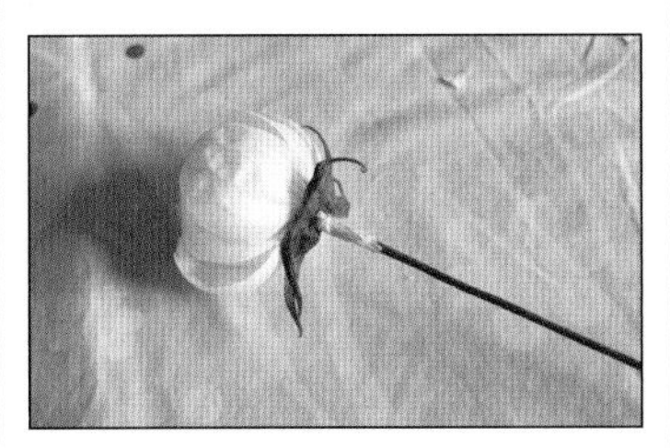

❽ 将粘贴好的花茎（花艺铁丝）穿过中间有洞的番茄花萼。

❾ 用绿色纸胶带包住花萼，由上至下缠绕在铁丝上。

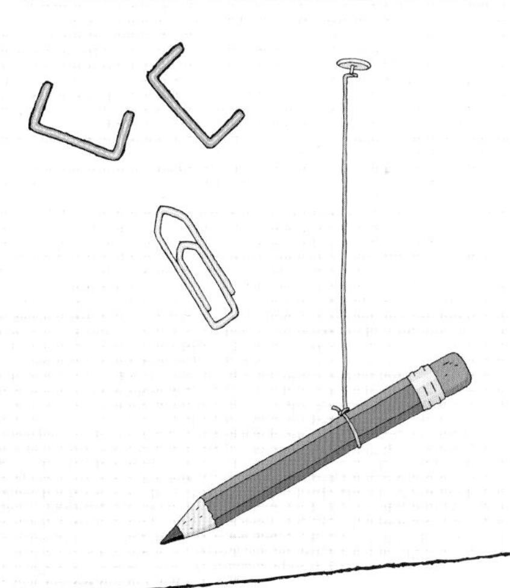

❿ 洋葱皮也可以作为玫瑰花瓣。

这样做可以让你的作品更漂亮：

1. 每朵花需要13～17片花瓣，蒜片太少花形会不美观；
2. 两片相邻的花瓣要交错粘贴，不要并排粘贴。

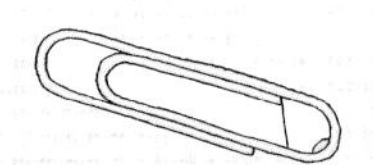

yáng méi

杨梅

【别名】龙睛、朱红、珠蓉
【学名】*Morella rubra*
【家族】杨梅科
【株高】2~15米
【分布】原产于江苏、浙江、台湾、福建、江西、湖南、贵州、四川、云南、广西和广东，日本、朝鲜和菲律宾也有分布
【花期】花期4月，果期6—7月

球形树冠里挤满了革质叶片

杨梅的果实成熟时会由绿转红

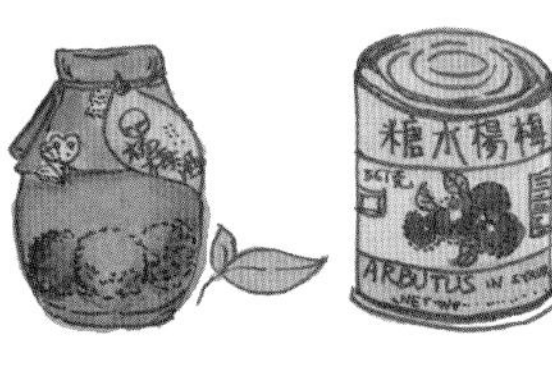

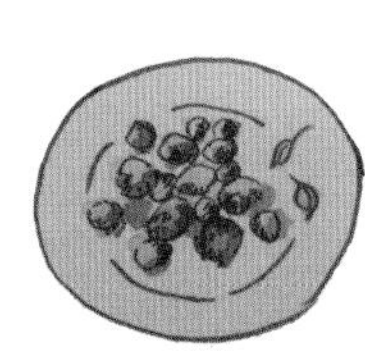

杨梅汁、杨梅酒、杨梅罐头让远方的人也能尝到江南的时令美味

杨梅属于常绿乔木，也是一种怕冷的树。在我国，杨梅主要种植在长江以南，再加上它的果实一旦成熟，很快就会过熟变质，使得在北方很难吃到新鲜的杨梅。

暗红色的长筒形的雄花花序生于叶腋

野外的杨梅树能长到 10 多米高，但小区里常见的杨梅树个子矮了很多，倒也方便了我们采摘杨梅果子，不过小区里的杨梅树有时会喷除草剂，还是不吃为好。杨梅的树冠是圆圆的球形，枝叶茂密。杨梅果可吃的部位是肉质的外果皮，若果实没成熟，这层外果皮会呈纤维状紧紧贴在坚硬的果核上。不熟的杨梅很酸，难以下咽，等果实彻底成熟，会渐渐换上诱人的红色外套，仿佛在对人类和小动物说："我成熟了，快来吃吧！"摘下一个熟透的杨梅放在口中，轻轻一咬就会挤出又酸又甜的汁液，带着一种清新的果香，令人欲罢不能。除了直接生吃，杨梅汁也是夏日清凉解暑的饮品，可生津止渴、健脾开胃。

和杨梅有关的文学作品不少，小学语文课本中就有一篇名作《我爱故乡的杨梅》："它们伸展着四季常绿的枝条，一片片狭长的叶子在雨雾中欢笑着……等杨梅渐渐长熟，刺也渐渐软了，平了。摘一个放进嘴里，舌尖触到杨梅那平滑的刺，使人感到细腻而且柔软……"这段文字生动地描述了杨梅的叶子形状和果实的口感，在没有杨梅吃的季节里，唤醒人们的味蕾。

wú huā guǒ
无花果

【别名】阿驵
【学名】*Ficus carica*
【家族】桑科
【株高】2~10米
【分布】原产地中海沿岸和亚洲西部，我国唐代从波斯传入，现在我国南方和北方都有广泛栽培
【花期】花果期5—7月

切开一颗无花果，能看到藏在里面的花

成熟的无花果会从青变黄或变成紫红色

榕小蜂钻进钻出无花果，为它授粉

无花果没有花，像这样的传言有很多版本。想想好像很有道理，似乎从来没有人见过“无花果花”，也没闻到过这花的香气。可是你一定知道，只要结果就会有花。没错，无花果是开花的。咬开无花果的“果实”，能看到一粒粒胖胖的“小果子”，这就是无花果的花。没错，平时你大嚼无花果果干时，其实就是在吃成百上千个无花果花。

无花果未熟时是青绿色的，成熟时会变成紫红色或黄色，夏天果实成熟的时候揭掉无花果外皮就可以品尝到松软可口的花序托了，香甜多汁的花序托既可直接食用，又可做成蜜饯便于运输。因为果实味道甜美，无花果在我国南北方都有种植，除了能结果，还能作为庭院绿化树种。

无花果是一种灌木，分枝很多，如果放任不管，树枝会乱长，果实却变少了。所以果农为了保证收获更多的果实常常有计划地修剪。剪下来的枝条不要乱扔，如果你有个庭院，不妨扦插一支无花果的枝条试试，它很容易扦插成活，也许过不了几年，就能吃到亲手培育的无花果了。

无花果的叶厚纸质，通常3~5裂，像张开的大手掌

无花果树小枝直立，修剪时可以看到断口流出乳汁

sāng

【别名】家桑、桑树
【学名】*Morus alba*
【家族】桑科
【株高】3~10米
【分布】原产我国中部和北部，现由东北至西南各省区，西北直至新疆均有栽培
【花期】花期4—5月，果期5—8月

成熟的桑葚变成红色或暗紫色

桑树开花之后，会长出桑葚

菠萝、无花果和桑一样，都是聚花果

桑树喜欢温暖湿润的气候

桑叶头上尖尖的，后面是圆形的，边缘长锯齿

桑树的花

桑树是一种深刻影响我国历史的树木，因为有了它，才有了后来的丝绸文化。桑树是落叶乔木，长得高大粗壮，很好养活。桑树还很耐寒耐旱，就算在我国北方，也能活得好好的。

我国有 4000 多年的养蚕历史，所以如果你在中国旅行，能在很多地方找到粗大的参天古桑树，有的树能活上上千年。孟子说过："五亩之宅，树之以桑，五十者可衣帛矣。"古人种植桑树是为了得到叶片——桑叶，这可是蚕宝宝的美食。吃饱桑叶变肥长大的蚕宝宝，最后会结出蚕茧，这就是做丝绸的原料。

除了能制衣，桑树的果实也很美味。桑树的花经授粉后，初夏就在枝头长出聚花果，长长的、胖胖的椭圆形果实，看起来就像表面凸凹不平的毛毛虫。成熟时，桑果会变成红色或暗紫色，这就是酸中带甜的桑葚，不但可以直接当水果吃，还可以酿成桑子酒。更神奇的是，连鱼儿都喜欢吃桑葚，用桑葚来当鱼饵能让鱼儿多多上钩呢。

huǒ lóng guǒ

火龙果

【别名】量天尺、龙骨花、霸王鞭、三角柱、三棱箭
【学名】*Hylocereus undatus*
【家族】仙人掌科
【株高】长 3~15 米
【分布】原产中美洲至南美洲北部，世界各地广泛栽培，我国于 1645 年引种，主要分布在福建、广东、海南、台湾以及广西
【花期】7—12 月

黄绿色被片包裹着白色的花瓣

火龙果是市场上广受欢迎的热带和亚热带水果。椭圆形的它拥有红色喜庆的外衣，外衣上的舌状突起像是一簇簇小小的火焰，也让人想起龙鳞，所以得到了“火龙果”这个形象的名字。剖开厚厚的果皮，里面是松软多汁的灰白色果肉，其中密密麻麻地点缀着黑芝麻一样的种子，除了灰色果肉，还有红色果肉的品种，不过这两个品种吃起来倒没什么不同。

火龙果果皮上的舌状突起像一簇簇小火焰

要是你问问其他人：“你知道火龙果长在哪里吗?”他多半会犯难，像苹果一样长在树上?或是像土豆一样埋在地下?其实火龙果长在“仙人掌”茎的末端，没错，它是一种多肉植物。火龙果的茎很长，整个植株就像一束长长的鞭子，它的别名量天尺确实名副其实。

火龙果的茎很长

生活在南方的小朋友吃完火龙果后，可以尝试把一些带着果肉的种子放在花盆里浅埋。过段时间很可能会长出一片两三厘米高的“小森林”。等直立的小苗稍微长大一些，就显示出仙人掌科的特征：三棱形的茎有着波浪状的边缘，上面的小刺是退化的叶子。仙人掌科的植物通常有美丽的花朵，火龙果也不例外，它会在夜间开出长达30厘米的白花。在我国广东，火龙果的花还是做汤的好原料，口感软滑，喝起来味道清香醇美。

火龙果是仙人掌科的植物，由于曾长期生活在干热的沙漠地区，叶片已经退化了

táo

桃

【别名】陶古日
【学名】*Prunus persica*
【家族】蔷薇科
【株高】3~8米
【分布】原产我国，各省区广泛栽培，世界各地均有栽植
【花期】花期3—4月，果期常为8—9月

桃花以粉红色居多，花梗极短，紧贴着树枝盛开

桃在我国传统文化中，寓意很吉祥。各种关于桃的成语、习俗也特别多。“桃李满天下”是用来赞誉老师的，形容学生很多，遍布各地。在年画中，寿桃出镜率很高，是吉祥如意的象征。而当桃花开满树时，就如同粉红色的云霞，“桃花运”这种说法也就应运而生。不过，更多人说起桃，第一反应想到的却是孙悟空用毛手抓着蟠桃，躺在树枝上惬意大啃的样子。

桃的品种很多，大部分都长毛。孙悟空吃的蟠桃，果实扁扁的，像盘子一样；油桃果实光滑，不长毛，看起来跟桃子家族的成员相差很远；而大白桃的腹缝特别明显，顺着腹缝用力掰开，能整齐地一分为二，果肉也是多汁香甜，令人欲罢不能。

这些品种的桃子，都是千百年来，由果农慢慢繁育出来的。桃是所有栽培桃树的共同祖先，也是我国原产的果树。3000 年前的中国古人，就品尝过桃。《诗经》里有“园有桃，其实之肴”的说法。桃是高大的乔木，树冠宽广而平展。冬天时，桃树的花芽和叶芽生出，锥形的芽长着短短的柔毛，两三个聚在一起，通常中间的是叶芽，两侧的是花芽。桃花的子房也被短柔毛所包裹。待开花结果，果实便一脉相承，身披绒毛。切开果实，露出大大的桃核。深受中国人喜爱的桃，就连这刻满沟纹的核都被充分利用，成了填充枕芯的好材料，或是穿成手串，供人欣赏把玩。

桃树树胶有药用效果

桃叶边缘有细锯齿，上表面无毛，下表面少数有短柔毛

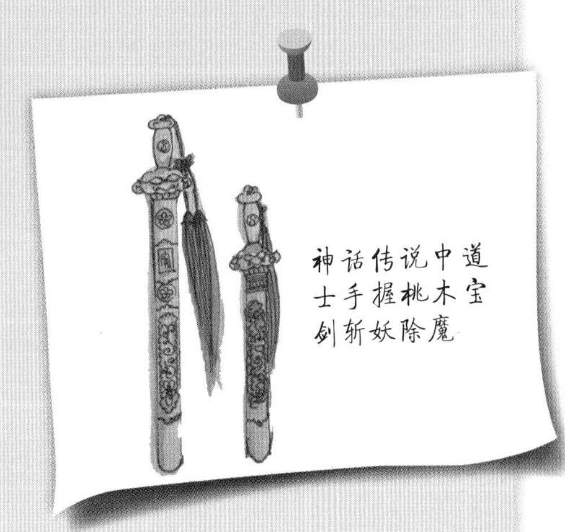

神话传说中道士手握桃木宝剑斩妖除魔

píng　guǒ

苹果

【别名】柰
【学名】*Malus pumila*
【家族】蔷薇科
【株高】高可达15米
【分布】原产欧洲及亚洲中部，现主要分布于全世界温带地区，我国北方种植较多
【花期】花期5—6月，果期因品种而异，可从夏季到秋末

白中带粉的苹果花聚集在枝条顶端

苹果耐寒，辽宁、山东、河北是苹果的主产地

丰收的苹果树

人们吃的果肉是苹果的花托，小小的种子就藏在里面

苹果树是一种高大的落叶乔木，树冠圆圆的，形如华盖。苹果在中外都有不错的寓意。美国第一大城市纽约就有个昵称叫“Big Apple”。在我国，每到圣诞节，不少商家也会借机推出苹果礼盒，借“苹”字寓意“平安”。

苹果不光果好吃，花也漂亮，每年 5 月，白中带粉的苹果花开满树冠，完全不输给樱花、海棠盛开的美丽景象。苹果花的花托与子房是愈合在一起的。春华秋实，花托逐渐膨大，果梗则变得粗短起来，凹陷得厉害。最后就长成人们熟悉的扁球形苹果了。

我国的东北、山东和新疆等地都是著名的苹果产地。因为那里昼夜温差大，糖分更容易在果实内积聚，长出“糖心苹果”。苹果不像很多热带水果那么娇气，很好保存。第一年秋天收获的苹果，可以储存在地窖或是冷库里，几个月后拿出来吃，依然能保持不错的口感。苹果的吃法也多，可以直接生吃或做果汁，还能做成果酱或是酿造苹果酒。苹果果实中含有丰富的鞣酸、果胶、维生素、纤维素、多酚和各种糖分，营养相当全面。也就难怪英语中会流传“An apple a day, keeps the doctor away”这样的说法了。

美国蛇果、花牛苹果与日本富士是世界三大著名苹果品种

pí pa
枇杷

【别名】卢桔
【学名】*Eriobotrya japonica*
【家族】蔷薇科
【株高】3~10米
【分布】亚洲温带、亚热带地区广泛栽培
【花期】花期10—12月，果期5—6月

枇杷冬天开花，花瓣长圆形

枇杷大大的巧克力色种子

冬天开花的植物不算太多，枇杷就是一种盛开在初冬的植物。在生活小区绿化带里，常常可以见到这种常绿小乔木的身影。它那黄褐色的枝条很粗壮，上面密密麻麻地布满绒毛。这种小绒毛还包裹在花蕾周围，就像给它穿上了一件毛绒外套。

5 枚泛黄的白色花瓣组成一朵小花。雄蕊很精致，大概有花瓣的一半长，像若干个细细的小豆芽站立在花朵中央。枇杷的叶片是革质的，很厚实，大多是长椭圆形的，有 12~30 厘米长。北宋寇宗写的《本草衍义》中提到，枇杷的得名，就因为“其叶，形如琵琶”。枇杷叶片还是一味中药，“川贝枇杷膏”就是以枇杷叶为原材料做成的，对治疗呼吸道感染效果很好。

枇杷的花香气很醇厚，让人觉得沁人心脾。第二年初夏五六月，这些冬天不起眼的小花就会变成成簇的果实，远远望去，椭圆形黄色小球聚集在枝头，非常诱人。切开枇杷的果实，能看到它坚硬光亮的褐色种子。吃完枇杷的你也可以试试看，把枇杷种子种在花盆里，不久一株株舒展着硕大叶片的小苗就会钻出土来了。

枇杷除了做果树，也是生活小区中常见的观赏树木

枇杷的叶片叶脉清晰，上表面光亮，背面密生灰棕色绒毛

cǎo méi
草 莓

【别名】凤梨草莓
【学名】*Fragaria ananassa*
【家族】蔷薇科
【株高】匍匐生长
【分布】原产南美，我国各地栽培
【花期】5—6月

草莓的匍匐茎上带根的新芽，像吊兰一样可以触地生根

白瓣黄蕊的小花谢后，会长出草莓

采摘成熟的草莓

草莓是种特别受人喜欢的水果，不光能直接吃，还能做成果酱，抹在面包上，或者用榨汁机打成草莓汁。就连各种模仿草莓形状的商品，或者使用了草莓颜色的设计都特别能激发人们的购买欲。

果园里的草莓是一种多年生的草本植物。它身材矮小，只有几十厘米高，跟一本书立起来差不多。草莓喜欢伸展着它那长有黄色柔毛的茎匍匐前进。初夏，草莓会绽开一朵朵白色的小花，这些白瓣黄蕊的小花很不起眼，到了结果之时，原本长花的地方，会长出一颗颗红彤彤的草莓，让路过的人都口水涟涟。现在果农培育出的大草莓直径能达到 3 厘米，长足足有 5 厘米，就像一枚小鸡蛋。

我们吃的香甜多汁的草莓，其实是肉质花托，它的凹孔内嵌着很多芝麻粒大小的种子，不过果农并不靠种子繁殖草莓，因为还有更方便的办法：只要把草莓匍匐茎上长出的新芽用土稍微覆盖一下，新芽就可以触地生根，长成一株新的草莓。

草莓不难种，只是如果你想在家里种草莓，一定要小心红蜘蛛，它可是草莓的天敌，会把草莓叶子的营养都吸干。草莓不光对人类吸引力巨大，也是其他动物的美食呢。

草莓也有白色的，肉质花托上点缀着一粒粒红色的种子

zǎo

枣

【别名】枣树、枣子、大枣、红枣树、刺枣、贯枣
【学名】*Ziziphus jujuba*
【家族】鼠李科
【株高】高达 10 余米
【分布】本种原产我国，现在亚洲、欧洲和美洲常有栽培
【花期】花期 5—7 月，果期 8—9 月

枣是从酸枣驯化而来的

黄绿色的枣花气味芳香

枣树新枝常呈之字形曲折

我国河北有一种金丝小枣，个头小、糖分高。用力掰开一颗干枣，能拉出金黄色的韧丝，便给了它这么个名字。再往西走，到了我国新疆，那里干旱少雨，昼夜温差大的独特环境特别适合和田玉枣的生长，这种枣大如鸡蛋、肉厚、甜度高。这些大名鼎鼎的枣，都是我国长达 3000 年的枣树栽培史中诞生的优秀品种。

枣树喜欢光照强的地方

在古代，枣子便与柿子、栗子一起作为度荒食物，是粮食短缺时宝贵的食物来源。可见古人早已认识到了枣营养丰富的特点。枣含有丰富的维生素和糖类，另外还含有蛋白质、脂肪和其他营养素。

枣树叶是纸质的，单叶互生，卵形或卵状椭圆形

跟果实的营养比起来，枣树就显得不那么醒目了。枣树是一种落叶小乔木，树皮褐色或灰褐色。枣树每年 5—7 月会开出黄绿色的花，枣花芳香多蜜，蜜蜂酿制的枣花蜜就是一种吃起来有枣香的花蜜。枣树的果实是典型的核果，长卵圆形，枣子成熟时有些是红色，有些红绿相间。掰开一颗枣，便能看到其中顶端锐尖的枣核，里面是 2 室，种子扁椭圆形。

金丝小枣和和田玉枣

陪伴中国人度过几千年的枣，也演化出越来越多的吃法。制成果脯、熏枣、干脆枣等便能长期保存，还可以做成枣酒、枣醋、枣茶等，和其他食材混搭出新滋味。

pú tao

葡萄

【别名】蒲陶、草龙珠、赐紫樱桃、菩提子、山葫芦
【学名】*Vitis vinifera*
【家族】葡萄科
【株高】藤本植物
【分布】原产亚洲西部，现世界各地栽培，为常见水果和酿酒原料
【花期】花期4—5月，果期8—9月

沉甸甸的葡萄果实

葡萄叶片边缘浅裂，叶片基部深心形

葡萄花序，这就是将来一串串果实的雏形

小小的葡萄果实开始长出

没有什么比拎起一串果实饱满、沉甸甸的葡萄串时，更能让人想起“硕果累累”这个成语了。葡萄也很好养活，把它那圆柱形的小枝剪下来一段，就能用来扦插繁殖。

葡萄是一种木质藤本植物，爬藤生长在葡萄架上，架子搭得高，葡萄藤便爬得高。如果你有机会去葡萄园采摘，穿过那由绿叶交织而成的绿色穹顶，一定会感受到凉风习习，绿荫满地。让葡萄能够攀爬的，是它那两叉分枝的卷须，这就是它用来攀爬的“小手”。

葡萄的花儿并不显眼，成圆锥花序，密集多花，基部分枝发达。离远看它倒像一串刚刚被吃光葡萄粒的葡萄梗。没错，葡萄花便开在这些未来会长出葡萄粒的位置。葡萄每朵小花开放和凋零的时间各异，花开时节走到葡萄架下，当风儿吹过，这种帽状花瓣常常会落人一头，地上也会像撒了一地的小米一样布满花瓣。待到果实丰收的夏末秋初，一颗颗球形或椭圆形的葡萄挤在一起，聚集成串。葡萄成熟的果实不仅有紫红色的品种，也有白色或淡绿色的品种，甜味和果香也随品种的不同而各异。有的品种果实成熟后虽然是淡绿色的，却比红色的都甜；有的品种虽然不是很甜，吃起来却有一种玫瑰的清香。

带皮酿造的是红葡萄酒，去除皮酿造的是白葡萄酒

zhōng huá mí hóu táo

中华猕猴桃

【别名】阳桃、羊桃、羊桃藤、藤梨、猕猴桃
【学名】*Actinidia chinensis*
【家族】猕猴桃科
【株高】藤本植物
【分布】原产于我国陕西、湖北、湖南、河南、安徽、江苏、浙江、江西、福建、广东和广西等省区的山林中，后经新西兰人从湖北引种成为风靡世界的水果
【花期】花期4—5月，果期4—6月

结满果实的枝头

猕猴桃叶片纸质，近圆形，腹面深绿色，背面苍绿色

中华猕猴桃是一种源自中国山林的野果。唐代诗人岑参的古诗提到了它："中庭井阑上，一架猕猴桃。石泉饭香粳，酒瓮开新槽。"在我国，它一直被当作野果子采食，后来有位新西兰人把种子带回了新西兰，引种成功。"新西兰奇异果"是经过选育后的中华猕猴桃，它的果实表皮摸起来没有那么多绒毛，更光滑。

长在山野间的中华猕猴桃是一种大型落叶木质藤本植物，换句话说，猕猴桃像葡萄一样，靠支架才能"站立"起来。新生的枝条上有灰白色或褐色茸毛，老枝变得秃净无毛。猕猴桃的叶片边缘也布满星芒状茸毛。猕猴桃的花有五六个边缘不太规整的小花瓣，初放时白色，开放后变淡黄色，上面长有茸毛，闻起来有香气。

4月前后，中华猕猴桃的小果子冒出来了。到了秋天，果子成熟。这些黄褐色、椭圆形的果子上面布满了茸毛，酷似猕猴的头颅，这也是它得名的由来。猕猴桃果实富含维生素，特别是维生素C，含量是柑橘的好几倍。不光果肉好吃，果实中一粒一粒的黑色的小种子，也营养丰富。吃猕猴桃的时候可以多嚼嚼，把籽嚼碎，好让营养成分更容易被吸收。

猕猴桃的花瓣以5片居多，苞片很小

小猕猴桃从开过花的地方钻了出来

生活在刚果的"猕猴桃猴"的头酷似猕猴桃

xī fān lián

西番莲

【别名】百香果、西洋鞠、转枝莲、洋酸茄花、时计草
【学名】*Passiflora caerulea*
【家族】西番莲科
【株高】草质藤本，长度很长
【分布】原产南美洲，现分布于热带、亚热带地区，我国广西、江西、四川、云南等地多有栽培
【花期】花期5—7月

西番莲是藤本植物，靠卷须爬藤生长

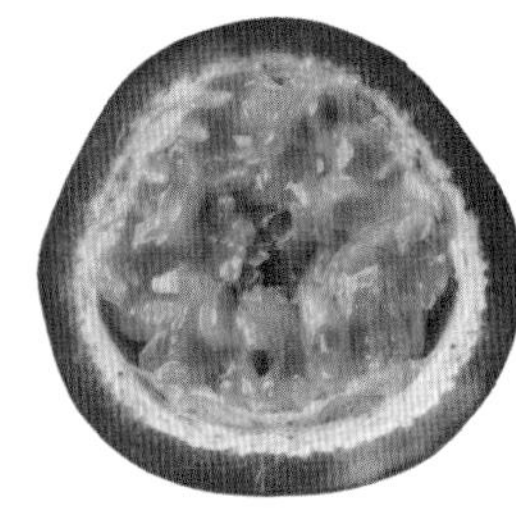

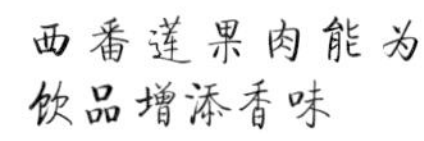

西番莲果肉能为饮品增添香味

西番莲的花中心是3枚花柱，周围环绕着5枚雄蕊，再往外是一圈流苏一样的副花冠

西番莲是一种花果俱美的植物。它还有个常见名字——百香果。据说这个名字的由来是因为它“具有一百多种芳香物质”，闻起来又像芒果、又像菠萝、又像香蕉、又像别的什么水果。事实上，“百香”二字是英文名 passion fruit 中 passion 一词的音译，该词意为“受难”，用的是《新约全书》中耶稣受难的典故。当然，百香果确实挺香，用勺子挖出果肉和果汁，加到其他饮品里，能为各种饮品增添独特香味。果瓤和果汁直接食用，也是甜酸可口、生津止渴。

西番莲的老家在巴西，在我国主要生长在广西、云南、四川这些相对温暖的地区。它的茎近圆柱形，能略微感觉到棱角。跟细细的茎比起来，它的叶子很大，有 5~7 厘米长，5 个深裂，像一只手指纤细的大巴掌。西番莲的浆果卵圆球形，长约 6 厘米，成熟时变成橙黄色，酷似鸡蛋黄，所以也有人叫它“鸡蛋果”。种子小而多，长约 5 毫米，倒心形，含油量高达 20% 以上，可提炼出优质的食用油。西番莲的根、茎、叶均可入药，有祛风消热、消炎止痛、活血降脂等疗效。

西番莲的花和莲花有些类似

shì 柿

【别名】无
【学名】*Diospyros kaki*
【家族】柿科
【株高】10~15米
【分布】原产我国长江流域，现在全国范围内和东亚、大洋洲、北非、美洲等地广泛栽培
【花期】花期5—6月，果期9—10月

秋高气爽，小灯笼一样的柿子挂满枝头

果肉没有熟透时很硬，味道也很涩，等到熟透了，果肉就会变成橙红色

中国人吃柿子的历史可能有近万年。最早，人们采集野生的柿子充饥，野生柿子看着好看，吃起来却很涩。后来，人们找到给柿子脱涩的办法，柿子的口感更好了，喜欢吃的人也更多了。写作于西汉时的《礼记》，就提到柿子是国君日常食用的水果之一。到了唐代，柿子的药用价值被大大推崇，培育出了更优良的品种，种植范围迅速扩展开来。

柿树是果树，也是观赏树木，雄花小巧，白瓣黄蕊，雌花就大了许多，四片嫩黄色的花瓣向外翻折。待到秋季柿树挂满红叶，论美景一点不比枫叶逊色。

柿子果实以球形而略呈方形居多，像个大肚子弥勒佛，嫩时绿色，后变黄色，橙黄色。果肉没有熟透的时候较脆硬，味道很涩，老熟时果肉变得柔软多汁，以橙红色居多。它的宿存萼在开花后增大增厚，干时像木头一样硬。

柿子好吃却不耐保存，人们便发明出削去柿子外皮，日晒风吹，制作柿饼的方法。晒柿饼的时候可以在宿存萼那里用线把柿子串起来，挂在通风处，耐心等待一个月，甜蜜又筋道的柿饼便做好了。

雌花花萼4裂，花冠淡黄白色

柿子树的树皮颜色较深，常裂成长方块状

柿饼表面常常有一层白色面粉状的物质，里面主要是糖分，叫做柿霜

gān jú
柑 橘

【别名】宽皮橘
【学名】*Citrus reticulata*
【家族】芸香科
【株高】3米
【分布】产秦岭南坡以南、伏牛山南坡诸水系及大别山区南部，向东南至台湾，南至海南岛，西南至西藏东南部海拔较低地区
【花期】花期4—5月

中国是柑橘的重要产地，有4000多年的栽培历史

中医把橘络用作化痰止咳的良药

好剥的，大多是橘类，而果皮与果肉贴合更紧密、更难剥开的，大多是柑类

柑橘白色花朵散发出浓郁的香气

我国产的柑橘，品种品系之多，可称为世界之冠。黄岩蜜柑、芦柑、沙糖橘、南丰蜜橘等，都是市面上常见的柑橘品种。

柑橘为小乔木，在我国已有数千年的栽培历史。柑橘开花时，白色的花朵上有蜜腺盘，并散发出浓郁的香气，吸引蜂类和蝴蝶前来传粉。蜜蜂采集柑橘花粉后，酿出的柑橘蜜是充满甜蜜气息的美味。到了秋季，黄澄澄的果实挂满枝头，那是柑橘更为慷慨的馈赠——汁液丰富的果实。

广义的柑橘类还包括金橘属、枳属等近缘属，比如橙、柚、柠檬、来檬、葡萄柚、金橘、枳等也算作柑橘类的成员。这些水果的共同特点是饱满多汁、营养丰富、色香味俱全，既可鲜食又易于榨汁，种种特点使得柑橘类水果深受大众的喜爱，成为世界上产量第一的水果。

柑橘类品种众多，它们的分类和起源成为一直以来悬而未决的问题。最新研究表明，除了枳和金橘，剩下的所有柑橘类也许都只是枸（jǔ）橼（yuán）、野生柚和野生宽皮橘三个野生种的后代。这么多丰富的品种，正是人类巧妙将植物杂交，按照人类口味进行新品种选育的结果。

xī guā
西瓜

【别名】寒瓜
【学名】*Citrullus lanatus*
【家族】葫芦科
【株高】匍匐生长
【分布】原产非洲，世界各地广泛种植
【花期】春末初夏开花，夏季结果

西瓜瓤的颜色由色素决定，不光有红瓤的，还有黄瓤和白瓤的

要说能代表夏天的水果，西瓜恐怕要独占鳌头了。西瓜的英文名，字面意思是“水瓜”，直接点明了它含水量丰富的特点。在炎热的夏天，大量出汗使人体水分消耗很大，西瓜正是能迅速补充水分的水果。不管是直接切开吃瓤，或者榨成西瓜汁，还是做成西瓜冰沙，都能为炎热的夏日带来一丝清凉和畅爽。

西瓜雌雄同株，这是黄色的西瓜雄花

西瓜是一年生蔓生的藤本，它那根长长的、卷曲的西瓜秧上，密布着白色或淡黄褐色的长柔毛，摸上去有些扎手。西瓜的雌、雄花都生长在叶腋里面。不管雌花雄花都是淡黄色的。雄花有 3 个雄蕊，雌花的子房是卵形的，花柱肾形，这就是后来长成西瓜的“胚胎”。

西瓜秧的卷须很粗壮，叶片纸质有3个深裂

刚刚长出的小西瓜只有鸡蛋那么大，随着盛夏的到来，它就像气球被吹大一样迅速长大，长到篮球那么大或是更大。待西瓜成熟，剖开来，便能看到肉质多汁的瓜瓤。要是瓜熟透了，瓜瓤就更甜，果肉也变成一粒一粒的，这就是“沙瓤”。除了果肉好吃，瓜皮也能炒来吃，口感和冬瓜差不多。果皮（西瓜翠衣）还可药用，制作西瓜霜润喉片。

人类培育出用来收集西瓜子的籽瓜，也培育出用来畅吃果肉的无籽西瓜

野生西瓜的种子很多，吃起来要不停地吐籽，很麻烦。后来人们培育出了无籽西瓜，吃起来就方便多了。除了对瓜子的改造，人们还乐此不疲地不断培育着新的西瓜品种。比如黄瓤的特小凤西瓜，肉质细腻；还有成熟快，个头小的早春红玉西瓜。人们对于西瓜的喜爱，从此也可见一斑了。

kǔ guā

苦瓜

【别名】锦荔枝、凉瓜、癞葡萄
【学名】*Momordica charantia*
【家族】葫芦科
【株高】攀缘生长
【分布】原产印度尼西亚，现广泛栽培于世界热带到温带地区，我国南北均普遍栽培
【花期】花果期5—10月

开裂的苦瓜

纺锤形的苦瓜长满瘤皱

苦瓜未成熟时，包着种子的假种皮是白色的，成熟后会变成血红色

苦瓜的掌状叶片

“酸甜苦辣咸”里，爱吃其他几种味道的人都不少，爱吃“苦”的，也大有人在。人类天生不喜欢苦味，因为自然界里吃起来苦的植物，不少都是有毒的，这是祖先留给人类的保护机制。苦瓜是一种味道甘苦的夏令蔬菜，正是它那特殊的苦味儿，赋予了它清热解毒的食疗功效。

作为一年生攀缘草本藤蔓植物，苦瓜的茎、枝上长满了柔毛。卷须和叶柄都很细。雌雄同株，花朵黄色。苦瓜的果实圆柱形，自顶端3瓣裂，外表多瘤皱突起，像是癞蛤蟆的皮肤。未成熟时果实的外皮是绿色的，瓤是白色的，菜场里常见的都是这种嫩苦瓜。成熟后的苦瓜，外皮变成黄色，要是更熟，外皮会裂开，露出裹了红色外衣的种子。

写于明朝的《救荒本草》作者是朱元璋的五儿子朱橚，这位王爷不光喜爱翻山越岭地采集野草，还遍尝野菜，把能吃的野菜画出来，给老百姓在饥荒年做指南。这本书中提到的“锦荔枝”就是苦瓜，而另外一种“癞葡萄”则是苦瓜的变种。苦瓜多为圆柱形，而癞葡萄以纺锤形为主，在《上海植物志》中被命名为小苦瓜。作为蔬菜的苦瓜只要结了果就可食用；而癞葡萄必须变红成熟后才可食用。这两种苦味蔬菜在荒年时，都曾给了许多人活下去的能量和勇气。

癞葡萄成熟后，果实会裂开，露出鲜红的籽粒

huáng guā

黄瓜

【别名】胡瓜、刺瓜
【学名】*Cucumis sativus*
【家族】葫芦科
【株高】藤蔓攀缘草本
【分布】原产印度，广泛种植于温带和热带地区，各地都有温室或塑料大棚栽培
【花期】花果期夏季

黄瓜是攀缘植物，在架子上用卷须攀爬生长

黄瓜果肉水分充足，清爽可口

长条大黄瓜完全成熟时就变成黄色，种子取出晒干后就可以留到下一年播种了

为什么黄瓜不叫“绿瓜”，它的表皮明明是绿色的啊？要是你这样问，说明你只吃过菜场里买的嫩黄瓜，没见过熟透了的黄瓜。

黄瓜也叫胡瓜，看到它的“胡”字，你可能会猜到，这是外来蔬菜。没错，黄瓜是张骞出使西域后，引种至中原地区的。黄瓜是一年生的攀缘草本植物，所以种植黄瓜需要为它搭个架子。黄瓜是靠小手——卷须来攀缘的。有了架子做支撑，黄瓜那长有硬毛的茎枝就可以四处蔓延，全力攀爬了。黄瓜的雄花和雌花都是黄色的，不过它们的位置不同，雄花通常几朵聚在一起，长在叶腋，而雌花不喜欢扎堆，最爱单生，这些雌花就是未来长出黄瓜的地方了。黄瓜果实摸起来很粗糙，有小刺状突起。除了果实，黄瓜从植株到叶子和花儿浑身遍布短毛或小刺突。

黄瓜可以像水果一样直接生吃，是夏天清凉解暑的美味，或是做凉菜，也可以炖鸡块提味儿。黄瓜本身所含热量比较少，其中含有的丙醇二酸能抑制糖类转变为脂肪，所以特别适合作为减肥食品，或是当作糖尿病患者的淀粉类食品替代品，降低血糖。

黄瓜的花

生长雌花的地方结出了小黄瓜

nán　　guā

南　瓜

【别名】倭瓜、番瓜、饭瓜、番南瓜
【学名】*Cucurbita moschata*
【家族】葫芦科
【株高】藤蔓草本，可长达5米
【分布】原产墨西哥到中美洲一带，世界各地普遍栽培
【花期】花果期夏秋

南瓜的果肉里面是空心的

南瓜灯是西方庆祝万圣节不可缺少的道具

南瓜雄花的花蕊比雌花更小

结实的南瓜藤能轻松吊起一只大南瓜

在西方文化里，南瓜算得上文化符号之一了。万圣节时，孩子们挖空南瓜，放入蜡烛，制作南瓜灯，或是雕刻成表情滑稽的面具。在童话中，灰姑娘乘坐着南瓜变成的马车参加舞会。不光在欧洲，南瓜在世界各地都有广泛栽培。

不过，日常语言中的“南瓜”，和植物学上的“南瓜”，并不完全等同。一般我们心目中的南瓜，是那种金黄色的、扁圆形的大果实。然而，植物学家发现有3种不同的植物——南瓜（中国南瓜）、西葫芦（美洲南瓜）和笋瓜（印度南瓜）——都可以结出这样的果实，自然也都可以用来雕刻。美国人雕的“南瓜灯”，绝大多数其实是“西葫芦灯”。除此之外，这3种植物还有很多品种，可以结出各种颜色、各种形状的果实，绝对可以让你大开眼界。

那么这3种植物怎么区分呢？南瓜的果梗有明显5棱，而且在和果实接触的地方明显扩大成喇叭状；西葫芦的果梗也有明显5棱，但不明显膨大；至于笋瓜，果梗是圆柱状，没有棱，也绝不扩大。在这3种植物中，中国长期栽培的是南瓜，农学界为免混淆，干脆管它叫“中国南瓜”，虽然它的原产地和西葫芦一样，都是在美洲。

尽管雕刻用的南瓜通常都是黄色或红色，看起来色彩艳丽，但要是论口感，表皮颜色就不重要了。很多表皮墨绿色的南瓜要比红色的更美味呢。南瓜有多种吃法，炖肉、炒菜，做成包子或者清蒸都颇有风味。

lā jiāo

辣 椒

【别名】牛角椒、长辣椒、番椒、大椒、辣子
【学名】*Capsicum annuum*
【家族】茄科
【株高】0.4~0.8 米
【分布】原产中南美洲热带，从墨西哥到哥伦比亚，现世界各地广泛栽培
【花期】花期 5—11 月，果期 6—12 月

辣椒没成熟时是绿色，成熟后转成红色、橙色

辣椒籽比皮辣得多

如果不喜欢牛角椒的辣，可以选择色彩丰富的菜椒

辣椒不全是辣的。果实像牛角一样尖尖的，就是让有些人避之不及，却让有些人蜂拥而上的“辣”椒。四川火锅就是靠这种辣椒来提味的。而另一些不光不辣，还长得圆圆胖胖，带有各种颜色的，是菜椒，它们是辣椒的变种表兄弟。

和其他农作物一样，辣椒也是被人类的老祖宗从野外带回人类社会的。原始的野辣椒生长于智利的丛林，是多年生的灌木，印第安人首先发现了它。他们把辣椒种植在墨西哥，经过很多代的培育，成为农作物。后来，随着人类的贸易往来，辣椒被带到了温带，成了一年生的草本植物。

辣椒的植株个头不高，开白色的花。花谢后，果梗会变得粗壮，长出火红的果实。辣椒顶端比较尖，大多形状弯曲。越老的辣椒味道越辣、越香，也越适合做辣椒酱。

我国四川地处盆地，湿气比较重，人们经常食用辣椒来发汗祛湿。而在我国北方，人们喜欢把收获的辣椒晒干，用线串起来挂在屋檐下、厨房中，红彤彤的辣椒串增添了几分农历新年的气息。

辣椒花单生的比较多，花冠是白色的

卵圆形的辣椒叶，顶端尖尖的，叶柄很长

菜椒中不同颜色的花青素使它们带上不同的颜色

fān qié

番茄

【别名】蕃柿、西红柿
【学名】*Solanum lycopersicum*
【家族】茄科
【株高】0.6~2米
【分布】原产南美洲，世界各地广泛栽培
【花期】夏秋季

番茄身材小，产量大

番茄和茄子同科，最早是为了观赏而栽培的

别再说樱桃番茄是转基因植物啦，它可是番茄的老祖宗

醋栗番茄

樱桃番茄

大果栽培番茄

好吃的植物 果实·蔬菜

番茄的花序成簇，一簇上长出3~7朵黄色小花

番茄全株生长有黏质腺毛，有强烈的气味，防止动物食吃果实

明朝时，文献中首次出现了关于番茄的记载，认为番茄是和向日葵一起，被西方传教士带到中国的。后来，番茄通过中国，再传入日本，在名字中加入了代表中国的汉字：“唐茄”。

关于番茄到底是蔬菜还是水果的争论，一直没有停止。它既可以像水果一样直接生吃，也可以像蔬菜一样，经历煎炒烹炸，孕育出新的滋味。别看番茄果实个头大，挂满果实的小苗身高常常只有半米，最高也不过一米多，堪称身材小、能量大的劳模蔬菜。番茄的茎易倒伏，所以栽培时需要用竹竿把它的茎固定，帮它站稳。番茄的花萼辐状，裂片披针形，常常呈五角星状。你在果实上看到的蒂就是它了。

最引人瞩目的是番茄浆果，橘黄色或鲜红色，表皮光滑有光泽，扁球状，熟透的果实揭去薄皮露出肉质而多汁液的果肉，个头大的西红柿还可以吃到沙瓤。中间的腔室内有滑滑的黄色种子。

番茄起源自美洲安第斯山附近。公元前700年，生活在南美洲的人，开始人工种植番茄。16世纪时，番茄被带入欧洲。一开始，它只是作为观赏植物，种在皇家植物园里，或者把刚采摘下的番茄当室内装饰品。那时的英国人认为，这种颜色鲜艳的果子有毒，不能吃。17世纪末，意大利人开始在比萨、意面等各种美食里，加入番茄。番茄就这样被越来越多吃过它的人所喜爱。也顺利融入各大菜系。在我国，番茄炒蛋更是荣登怎么炒都不会难吃的菜品榜首。

qié

【别名】矮瓜、吊菜子、茄子、落苏、紫茄
【学名】*Solanum melongena*
【家族】茄科
【株高】约1米
【分布】原产印度，中国普遍栽培
【花期】春季开花，夏季结实

茄子的果肉是海绵状的，烹饪中容易吸收油和调料，特别入味

除了果实，茄子的小枝条也有紫色的

在中国，拍照时大家会一起高喊“茄子”，露出大笑的表情，而在英语国家，大家就会大喊“cheese”了

菜市场能买到的茄子，外形差距不小，有大腹便便的“大胖子”，有瘦瘦长长的“手电筒”，有紫得发亮的茄子，还有浅绿或白色的“白面书生”。不过，不管外表怎样，切开这些茄子一探究竟，会发现它们的“内里”其实是一样的，都是松软的白棕色果肉，中间夹杂着深色芝麻粒大小的小种子。这么多模样的茄子都是人们根据自己的喜好，培育出的不同品种。

茄子的叶子很宽大，上、下两面都分布着平贴的星状茸毛

茄子是一年生的草本植物，在热带地区长得更好，能直立分枝长成小灌木。茄子的叶片形状看起来就像并拢手指的手。它的花儿淡紫色，黄色的花药衬在紫色的背景上很是醒目，花后常下垂，花萼上面密被与花梗相似的星状茸毛及小皮刺，摸摸看从菜场买来的茄子，根部那扎手的小刺，就是花萼和花梗上的这些小皮刺长大后形成的。

茄子黄色的花药配上紫色的花瓣辨识度很高

茄子起源于亚洲东南热带地区，古印度为最早培育地，至今印度、缅甸以及我国海南岛、云南、广东和广西仍有大量野生种和近缘种。中国栽培茄子历史悠久，类型和品种繁多，一般认为，中国是茄子的第二起源地，古书记载“其味如酪酥”，说的是它那松软多孔的茄芯，烹饪后吃起来绵软可口。茄子的吃法，荤素皆宜。既可炒、烧、蒸、煮，也可油炸、凉拌、做汤，都能烹调成美味。吃茄子建议不要去皮，因为茄子皮富含维生素 B，它与维生素 C 是一对很好的营养素搭档。

qiū kuí

秋葵

【别名】咖啡黄葵、黄秋葵、越南芝麻、羊角豆、糊麻
【学名】*Abelmoschus esculentus*
【家族】锦葵科
【株高】1~2米
【分布】原产于印度，广泛栽培于热带和亚热带地区，我国各地均有栽培
【花期】5—9月

最早关于吃秋葵的记载，是一篇写于1216年游历埃及的手记

秋葵能一边开花一边结果

黄秋葵的种子炒熟磨成粉，可以代替"咖啡"饮用

秋葵花带着锦葵科的特征，花朵美丽

秋葵有红色果荚品种和绿色果荚品种（张军供图）

秋葵也叫咖啡黄葵，它的老家在非洲埃塞俄比亚。

锦葵科的植物在植物界名气很大，因为它们大都“貌美如花”，像木芙蓉、扶桑个个都是有名的观赏花卉。咖啡黄葵也不例外，它的花单生于叶腋间，花萼钟形，5 枚嫩黄色的花瓣旋转交叠，花中心的紫色向外逐渐晕开。最奇特的要属那根柱状花蕊了，咖啡色的顶端，让整个花蕊看起来像一根点燃的香烟。

咖啡黄葵在开花结果方面效率很高，能一边开花一边结果。七八月时，它便忙碌地进行着这个过程：下面的果荚刚刚成形，上面的枝条又有新的花儿开放。所以一株秋葵上，常常是花果同株，互相斗艳，尤其是红色果荚的品种更是好看。

它的果实辨识度很高，一条条突出的棱，伴着慢慢缩窄的圆筒，到了尽头，便缩成一个尖，就像一座弯弯的宝塔。要是对着秋葵横切一刀，就会惊喜地看到一个五边形的剖面，伴着黏黏的汁液，小小的圆球形种子滚落出来，像一颗颗中药仁丹。

秋葵果嫩的时候，可以直接生吃，脆脆的，带着一丝甜味，也可以炒着吃。锅中的温度让红荚秋葵的果荚褪去红色变成白色，口感也不再爽脆。倒是那些黏黏的汁液，富含黏多糖，不会改变，给秋葵带来独特的口感，据说还能起到减肥效果呢。

蚕豆

【别名】南豆、胡豆、竖豆、佛豆、罗汉豆
【学名】*Vicia faba*
【家族】豆科
【株高】0.3~1米
【分布】原产欧洲地中海沿岸，亚洲西南部至北非，我国主要在长江以南地区种植
【花期】花期4—5月，果期5—6月

古时立夏的前一天，江浙地区用最鲜嫩的蚕豆煮成“立夏饭”

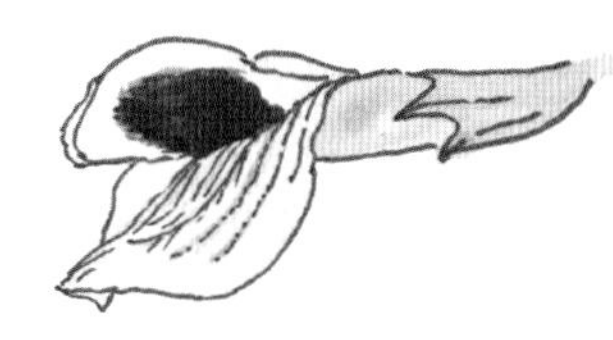

蚕豆花瓣有不同的形态：有的像蝴蝶展开的翅膀（翼瓣），有的由下面两片花瓣合生（龙骨瓣）

茎上长着偶数羽状复叶

蚕豆是人类最早栽培的豆类作物之一，传说汉代时，张骞出使西域，将蚕豆带回我国。蚕豆在不少文人墨客的笔下，也留下了自己的身影。鲁迅的《孔乙己》中，孔乙己常点的“茴香豆”这道浙江特色小吃，就是用蚕豆做成的。

在可食用的豆类里面，蚕豆可算得上“大胖子”。它直立的茎很粗壮，直径约 1 厘米，里面是空心的。蚕豆的花是腋生总状花序，花儿非常有特点，虽然花冠粉白，但却是“黑心”的。花开过后就会结出豆荚。豆荚长长胖胖的，表皮有绿色的绒毛，掰开后里面有白色海绵状横隔膜，蚕豆宝宝们就排着队睡在这些白白的海绵横隔中，这就是我们平时吃的蚕豆了。

豆荚成熟后，表皮会变成黑色，裂开后会露出里面长方圆形扁平的蚕豆种子。种子的中间内凹，种皮革质，可以呈现青绿色、灰绿色至棕褐色等深色，黑色的线形种脐位于种子一端，油炸蚕豆的时候就从线形种脐这里裂开。

蚕豆的吃法很多，把新鲜蚕豆去掉皮炒来吃，就是一道美味。在吃不到新鲜蚕豆的季节，尝尝五香蚕豆，或是怪味豆，都是不错的休闲食品。不过，虽说蚕豆好吃又营养丰富，但有些人天生缺乏葡萄糖 -6- 磷酸脱氢酶，他们如果吃了蚕豆后会引起溶血性贫血。虽说蚕豆是大自然的美味，也要因人而异，小心品尝。

蝶形花花瓣上有紫色脉纹和紫黑色斑晕

玉米蝴蝶酥

你可以使用这些材料：食品包装盒、保丽龙胶水、便签纸、自封袋、玉米包叶、玉米须。

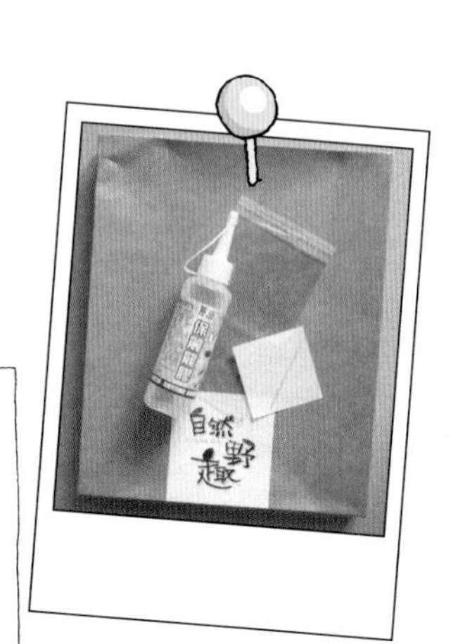

制作步骤

❶ 取一片玉米包叶，用牙签从根部顺着纹路往一个方向划开。

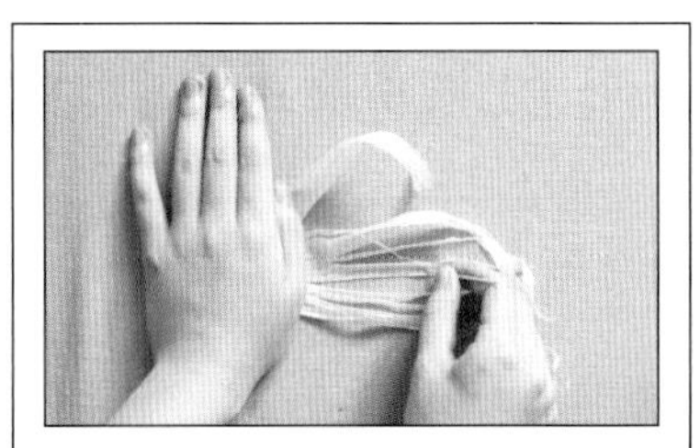

❷ 直至整片叶子都划开。

❸ 制作一个蝴蝶酥需要4片玉米包叶。

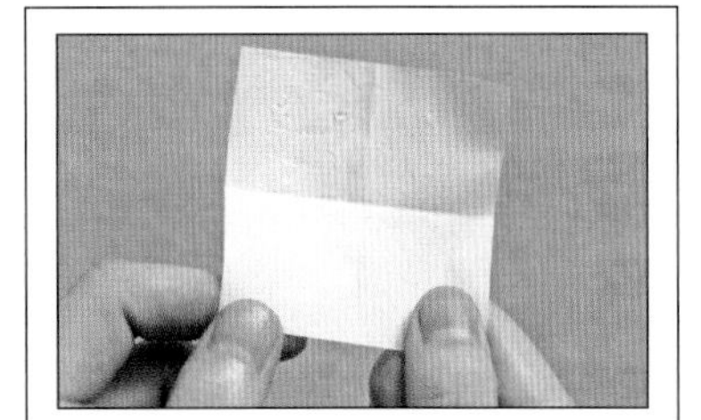

❹ 取一张白色便签纸，上下、左右对折，用保丽龙胶水将小方纸片涂满胶水。

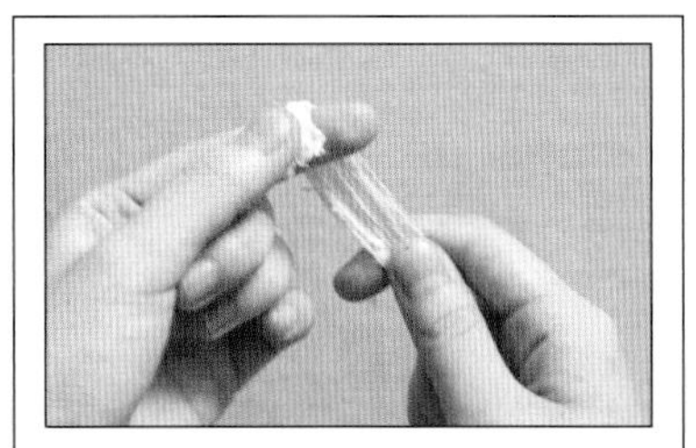

❺ 取1片划好的玉米包叶，捏成1厘米宽，左手拇指和食指捏住基根部一端，右手握住另外一端。

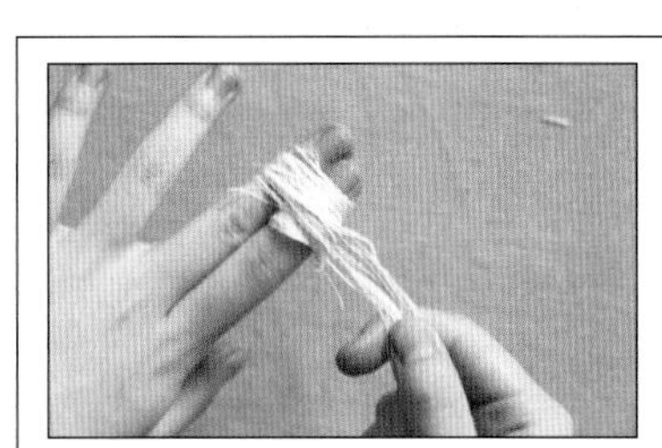

❻ 顺着食指绕一圈后，将中指压在玉米包叶上，继续缠绕，最终形成一个小圈和一个大圈。

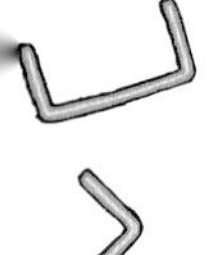

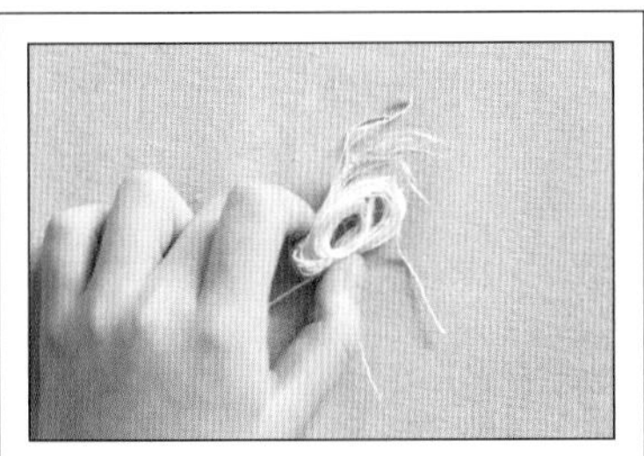

❼ 将缠绕好的玉米包叶从手指上轻轻取下，捏住小圈一头，形成水滴状。

❽ 粘贴到便签纸的左上角，重复上述步骤，制作好右上角。

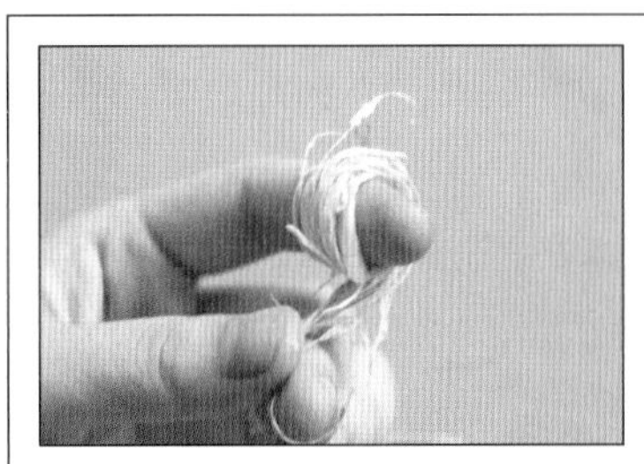

❾ 取1片划好的玉米包叶，捏成1厘米宽，在左手食指上绕出一个圆形。

❿ 将其粘贴在便签纸的左下角。

⓫ 做出最后一块“蝴蝶酥”，粘贴在便签纸右下角。

⓬ 将做好的蝴蝶酥调整好，装进透明自封袋。

这样做可以让你的作品更漂亮：

1. 结合蝴蝶的特色，上半部分的叶片需要选择更大的玉米包片；
2. 可以根据玉米内外层包叶的深浅做出不一样的作品；
3. 用晾干的玉米须填满包装盒，再把玉米须蝴蝶酥放进去，一盒玉米蝴蝶酥就新鲜出炉啦！

dà dòu

大豆

【别名】菽、黄豆
【学名】*Glycine max*
【家族】豆科
【株高】0.3~0.9米
【分布】原产我国，全国各地均有栽培，以东北最著名，亦广泛栽培于世界各地
【花期】花期6—7月，果期7—9月

大豆是古代中国人重要的蛋白质来源，豆浆、豆腐、酱油都是用大豆制成的

大豆的茎很粗壮，不需要支架帮忙

彩色的豆子：大豆、青豆、黑豆、红豆

《三国演义》里有个故事，曹丕和曹植都是曹操的儿子，是手足兄弟，可曹丕却嫉妒曹植的才学，命他在七步之内，作出一首描述兄弟之情的诗，却不能提到“兄弟”二字。曹植沉思片刻，便吟出这首诗：“煮豆燃豆萁，豆在釜中泣。本是同根生，相煎何太急！”豆（果实）、豆萁（茎）都是大豆植株的一部分，却燃烧豆萁来煮熟豆子。曹丕听了这首诗，心生愧意，放了曹植一条生路。

紫色的大豆花像一只小蝴蝶

大豆是一年生草本植物，直立的茎很粗壮，所以可用来在煮豆子的时候作为柴火，燃烧“豆萁”。大豆的荚果比较饱满，晒干裂开后就可以看到里面种皮光滑的椭圆形大豆了，它的果实也被称为黄豆。大豆种脐明显，以黄色居多，也有褐色或黑色的品种。

中国人很早就开始种植大豆了，大豆含脂肪约 20%，蛋白质约 40%，还含有丰富的维生素，是人们宝贵的蛋白质来源。除了直接煮来吃，还开发出不少豆类食品，比如豆浆、豆腐、豆油。除了黄豆，也许你还吃过毛豆，这其实是趁大豆的荚果尚未成熟时采摘的嫩黄豆。毛豆的豆荚毛茸茸的，煮过之后很容易剥开，里面绿色的大豆鲜嫩可口、清香耐嚼。

豆荚还是绿色时就收割的大豆，就是毛豆

luò huā shēng

落花生

【别名】花生、地豆、番豆、长生果
【学名】*Arachis hypogaea*
【家族】豆科
【株高】0.3~0.8 米
【分布】原产于南美洲巴西，后由华侨将花生种子引进福建、广东，随后逐渐被引种至全国各地，现世界各地广泛栽培
【花期】花果期 6—8 月

金黄色的花冠

花生的外壳是果皮，红色的外衣是种皮

花生的纸质叶片，前端钝圆形，两面被毛

花生在地面开花，授粉后的子房伸入土中，长成花生

“麻屋子，红帐子，里面住了个白胖子”这条经典谜语，是为落花生量身定做的。“麻屋子”就是落花生的荚果外皮，“红帐子”说的是花生红色的种皮，剥掉这层种皮，便露出白白的花生仁了。这白胖的花生仁脂肪含量高达 40%，花生油就是用它榨制而成的。高脂肪含量使得它成为制作天然手工皂的好原料。

落花生是一年生草本植物，它长在地上的部分很不起眼：茎直立或匍匐，身高才 30 ~ 80 厘米；叶子也很不显眼，大约 3 厘米长的叶片呈卵状长圆形或倒卵形；它的花倒是很有特色，形似一盏金光闪闪的古罗马战士头盔。

落花生埋在土下的部分大有乾坤。它的根部有丰富的根瘤便于吸收和制造营养。荚果成簇挂在根上，厚厚的荚果外表面布满网状纤维脉络。花生不像其他植物那样张扬地把果实挂在枝头，而是在整个夏天默默努力，在肉眼看不到的地面以下，长出累累的果实。

有人认为花生是明代时才从南美引入我国的，也有人认为花生在中国很早就开始种植了。曾有报道说在西安北郊建于西汉时期的汉阳陵中，出土过疑似已经炭化的花生，虽然在地下埋了 2100 多年，它们还保持着清晰可辨的外形。

曾有新闻报道汉阳陵中发现了炭化花生的遗迹

zhī ma
芝 麻

【别名】胡麻、脂麻、油麻
【学名】*Sesamum indicum*
【家族】芝麻科
【株高】0.6~1.5 米
【分布】原产印度，我国汉时引入，在我国安徽、河南、湖北等省广泛栽培
【花期】夏末秋初

每个四棱蒴果中藏着上百粒芝麻种子

芝麻蒴果结在枝头

不管自己做主角还是为其他食物配色，芝麻都能为食物带来独特的营养和色彩

芝麻吃的是种子。它的含油量达 55%，所以吃起来很香。芝麻榨的油也叫香油，它的气味香气四溢，是上佳的调味品。调凉菜时，或者煮好的面中，只要加上几滴，便会菜香四溢。

俗话说：“芝麻开花节节高。”这句话点明了芝麻的植株形态是垂直向上生长的，并且看起来一层层叶子逐渐往上叠加。芝麻是一年生的草本植物，高 1 米左右。芝麻的花单生或少量同生于叶腋内，白色或粉红色，上面长有茸毛。结芝麻的地方，是子房。子房有 4 室，就像“四个套间”组成一个“大房间”，里面住着几十至上百个芝麻宝宝。“四个套间”分界处是纵棱，直立分裂至基部。花儿一轮轮向上开，蒴果也顺着茎一圈圈往上结，用“节节高”形容种子也很合适。

芝麻种子有黑白之分，黑芝麻在中医药膳中有乌发的疗效。黑芝麻的补益作用比白芝麻要强一些，是很好的抗衰老食品。黑芝麻中的维生素 E 非常丰富，可使面色光泽，延缓衰老。而我们用到的芝麻油是用白芝麻榨出来的，白芝麻的香味更浓郁一些。另外白芝麻润肠通便、滋阴润肤的效果更好。除了吃，芝麻还能作为药材。湿润烧伤膏的主要成分就是芝麻油。在芝麻的故乡印度，冷榨芝麻油是最受欢迎的按摩油之一。

芝麻总是下部先开花，上面后开花

芝麻榨出的油香气扑鼻

yù mǐ
玉 米

【别名】玉蜀黍、包谷、珍珠米、苞芦
【学名】*Zea mays*
【家族】禾本科
【株高】1~4米
【分布】我国各地均有栽培，全世界热带和温带地区广泛种植
【花期】秋季

一大片玉米组成的青纱帐

世界各地有不同的玉米吃法

墨西哥
玉米饼

美国
爆米花

中国
玉米糊

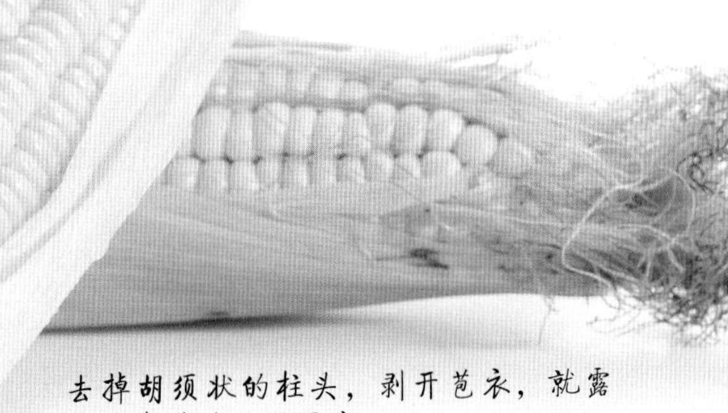

去掉胡须状的柱头，剥开苞衣，就露出玉米珍珠般的果实

说起玉米，你的眼前可能会出现一望无垠的青纱帐，那是高过人头的玉米矗立在田地里形成的风景；你的舌尖则会泛起香甜，想起那清香四溢的水煮玉米棒，真是秋天里馋人的好滋味呀。

玉米的根部长有气生根，能让自己站得更稳

玉米的雄花长在植株的顶端，雌花长在叶腋中，授粉后，会结出果实

玉米的老家在中南美洲，后来被引种到世界各地。玉米含有丰富的营养物质，是人们重要的粮食作物和饲料作物。现在玉米已经成为世界上年产量第一的粮食作物。

平时我们吃到的玉米，有的比较硬，有的比较糯，有的粉粉的，有的甜嫩多汁……这是品种不同的缘故。经过农业工作者的辛勤选育栽培，开发出各种“性格”不同的玉米。比如甜玉米，蔗糖含量是普通玉米的好几倍，可以煮熟直接吃，也可以做成冷冻玉米粒作为色拉、炒菜和甜品的食材。而糯玉米，其胚乳淀粉几乎全由容易消化的支链淀粉组成，口感粘糯，是品质很高的粮食和饲料，所提取的玉米淀粉可作为食品增稠剂。还有一种爆裂玉米，它的角质胚乳含量高，淀粉粒内的水分遇高温而爆裂，适合做成爆玉米花，是大家爱吃的休闲食品。至于高油玉米，顾名思义，制造玉米油的原料就是它了！

除了食用，玉米还可以酿酒和制造工业酒精、制糖等。连秸秆、苞叶、穗轴都不必丢弃，它们在食品、化工、医药、纺织、造纸等行业里都有用，比如穗轴可生产一种名叫糠醛的有机化工产品；玉米秸秆和穗轴可以培育食用菌；就连苞叶都可以由巧手的手工艺人编织出精致的手工艺品呢。

dào

【别名】水稻
【学名】*Oryza sativa*
【家族】禾本科
【株高】0.3~1.5 米
【分布】亚洲热带和亚热带广泛种植的重要谷物，我国南方为主要产稻区，东北也有栽种
【花期】花期夏秋季，因品种和种植时间而异

水稻成熟后，去皮便制成大米

水稻即将成熟时金黄色的稻田美景

在世界上，有一半以上的人，都以大米为主食。大米是土生土长的“中国制造”。早在7000年前，居住在我国长江下游的河姆渡人，就学会在土地中播种饱满的稻谷，然后定期浇水、除虫、悉心照料，耐心等待种子慢慢发芽、长大。水稻成熟后去皮便制成大米。

稻花的圆锥花序很松散，叶子朝向天空

到了明代，出现了“湖广熟、天下足”的说法，意思是在我国湖北、湖南附近的长江中游平原，盛产稻米，两湖丰收，则天下粮足。这句话虽然有夸张的成分，但也表明了人们把水稻这种一年生的水生草本植物作为重要的粮食作物。

水稻生活在水田之中，秆直立。水稻叶子修长，尖尖的叶梢齐刷刷指向蓝天。由于叶片比较薄，当太阳升起之后透光的叶子更加显得郁郁葱葱。稻花长出来之后稻田里弥漫着淡淡的香气，令人联想起“稻花香里说丰年，听取蛙声一片”的美丽诗篇。稻花呈浅黄色松散的圆锥花序，长约30厘米，分枝多，成熟期向下弯垂。细小的淡黄色花蕊像是害羞的小孩探出脑袋一样从外稃上头露出来。内稃与外稃是类似的硬壳，扣在一起构成了谷粒黄色带毛的外壳，颖果瘦长椭圆形，蜕掉外壳就能看到里面洁白晶莹的大米粒。

水稻在快要成熟的时候稻穗都是低垂的，常常被形容为越是有内涵的人越懂得谦虚

我国的袁隆平院士在水稻育种方面大有建树，不但培育出了高产的杂交“超级水稻”，还不断挑战水稻育种难题，培育出能够在盐碱地生长并高产的海水稻。这些在水稻科研领域默默耕耘的科学家，正为了解决人类吃饭问题而努力前行。

pǔ tōng xiǎo mài

普通小麦

【别名】软粒小麦、面包小麦
【学名】*Triticum aestivum*
【家族】禾本科
【株高】0.6~1米
【分布】原产西亚，我国主要在北方种植，长江流域也有一定种植
【花期】冬小麦4月开花6月种子成熟，春小麦7月开花9月收实

面粉是把小麦颖果打碎做成的

小麦是我国北方最主要的粮食作物，一年生或越年生。如果你经常坐火车，就会看到车窗外绿油油的麦田。小麦在我国是种植非常广泛的粮食作物，在全世界范围内也是产量仅次于玉米的主要粮食作物。

这些麦粒正在灌浆，还没成熟

小麦是秆直立丛生分节的禾本科植物，当微风吹过麦田，你会看到上方的叶子随风起伏，像是小波浪一样。可见传说中的“麦田守望者”每天都能欣赏到麦浪的美景，也许会忘记自己的孤独吧。小麦叶子下方长长的叶鞘松弛包茎，叶片长披针形。当麦苗还小的时候叶子青翠欲滴，可以被当作“猫草”，聪明的小猫喜欢啃食麦苗的叶梢帮助自己排除体内的毛球。很多南方的城市也会用初春麦苗的叶子做青团，吃起来有种清香。

北方人爱吃的面食，就是用小麦粒打碎成面粉为原料做出发酵或不发酵的各种食品，花样之多令人咋舌。小麦面粉中不但有糖类，还有少量蛋白质，和面时间长了可以从面粉中捏出面筋来，面筋就是小麦中含有的蛋白质，作为食材营养丰富，口感非常筋道。小麦的品种不同，蛋白和淀粉的含量也不尽相同，一般来说蛋白质含量越高的品种麦粒越透明发硬。小麦身上除了麦粒可作为粮食，茎秆还可以当家畜饲料，也可以作为沼气池或造纸原料。

这些都是用小麦和大麦为原料做出的美食

gāo liang

高粱

【别名】蜀黍
【学名】*Sorghum bicolor*
【家族】禾本科
【株高】3~5米
【分布】温带地区，中国普遍栽培
【花期】花果期6—9月

顶着一头红色的穗子，高粱也被叫做“红高粱”

高粱脱壳后，就是高粱米

成熟的高粱比成年人还高得多

高粱的名字能看出它的一个特点：高！成熟的高粱能长到几米高，比成年人还要高许多，所以当年游击战的时候战士们会躲在高粱地里，隐蔽自己。我国著名作家——诺贝尔文学奖获得者莫言，就著有一部小说《红高粱》，其中就有抗日战争时期，百姓将日本兵引入高粱地，杀敌报国的情节。

又细又高的高粱，在成长过程中要一次次经受风雨考验，为了站得更稳，高粱给自己加了很多固定，在它植株的基部节上长了支撑根，秆的中心有髓。摸摸它的秆，一节一节的，这是禾本科植物的特征。高粱秆自下往上长了两排宽大修长的互生叶子。叶片线形居多，表面暗绿色，背面淡绿色或有白粉。

高粱黄绿色的小花逐渐变成红色的颖果

高粱的圆锥花序比较蓬松，主轴裸露，总梗直立或微弯曲，上面有分枝状小穗，高粱的小花在小穗轴上排成互生队列，小穗的基部有两个初时黄绿色，成熟后变为淡红色至暗棕色的颖片，轴上的苞片像披针形手掌，被叫做第一外稃和第二外稃，从“手掌”间伸出弯曲的芒。果皮种皮愈合为颖果，整体上看，有柄小穗呈线形至披针形，褐色至暗红棕色，远远望去像是高粱头上长着一簇簇红红的头发。

可能你会觉得高粱火焰般的红头发与家里的扫帚类似，没错，很多扫帚就是用高粱穗做的。高粱种子是卵圆形的，微扁，与玉米相比高粱并不算高产作物，但是它的品种多，各自有特殊用途，可分为食用高粱、糖用高粱（类似甘蔗，高粱秆可以做糖浆或直接当甘蔗啃）和专门适合做扫帚的高粱品种，高粱酒和高粱饴糖都是高粱对人类的贡献。

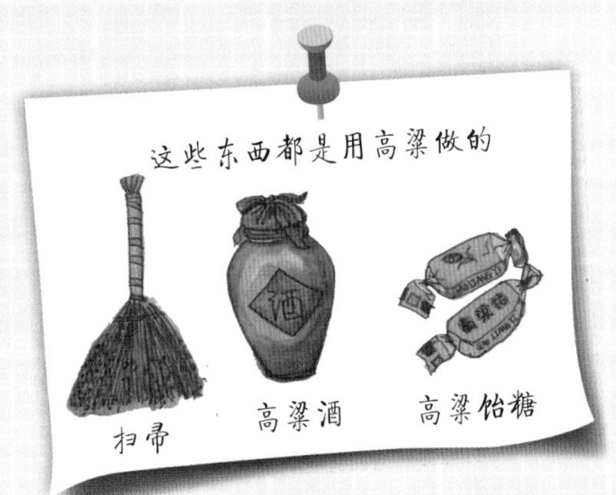

yì yǐ
薏苡

【别名】菩提子、川谷、药玉米
【学名】*Coix lacryma-jobi*
【家族】禾本科
【株高】高1~2米
【分布】热带、亚热带、非洲、美洲的热湿地带均有种植或逸生，在我国多生于湿润的屋旁、池塘、河沟、山谷、溪涧或易受涝的农田等地
【花期】花果期6—12月

薏苡珍珠一样的总苞

薏苡仁是不少甜点的制作原料

野生薏苡的外壳很硬，直径1厘米左右，可以用来做项链、佛珠或是门帘

薏苡的总状花序

薏苡的叶片扁平宽大，长长的像是玉米或高粱的叶子

薏苡是水稻的近亲，也喜欢湿润多水的环境。它是一年生粗壮草本，秆直立丛生，茎秆像甘蔗那样有 10 多个节，不过比甘蔗细得多。长期的栽培使薏苡分化出了两类品种。一类品种仍然保持了野生习性，果实淀粉含量低，不堪食用，但是果实外面一个叫“总苞”的结构在成熟时会变成珐琅质（珐琅就是搪瓷表面那层坚硬光洁的釉层），坚硬而有光泽，外表又有多种花纹。早在明代就有人称之为“菩提子”，把中央的颖果芯掏空，可以用线串起来做成手串儿，也可作为念佛用的珠子。

另一类品种就是经过人工选育驯化的食用品种——薏米了。尽管薏米的总苞很软，没法用来串珠，但是很容易剥去，取出果实。薏米的果实淀粉含量高、味道甜，营养丰富。因为它比不少粗粮好吃很多，所以是甜品师喜爱的食材之一。因为薏米的形态在驯化过程中发生了这样大的变化，以前的分类学家甚至曾经把它独立成专门的一个种呢。

在中国文化中，薏米和东汉的“伏波将军”马援有密切关系。马援南征交趾时经常吃薏米，用来滋补身体。他看到南方的薏米果实很大，想引种回中原，后来还军的时候就装了一车回来。中原人当时还没见过薏米，以为是南方的珍宝，流言到处传播，最后竟然成了“马援拉了一车明珠和犀角珠回来”。在马援死后，这就成了他的罪状。

qiáo mài

荞麦

【别名】甜荞、三角麦、乌麦、花麦
【学名】*Fagopyrum esculentum*
【家族】蓼科
【株高】0.3~0.9 米
【分布】全国各地均有栽培，有时逸为野生
【花期】5—9月

荞麦白中带粉的五瓣小花

没有脱壳的荞麦

在东亚，荞麦主要用来制作荞麦面

荞麦花盛开的花田

荞麦壳是很好的枕头填充物

在各种带“麦”字的粮食作物中，荞麦是少数几种不属于禾本科家族的“麦”。漂亮的白色或粉色五瓣小花、三角状的叶片、膜质的托叶鞘，都暴露了荞麦的身份——蓼科家族成员。中国是栽培荞麦的起源地。在陕西咸阳马泉西汉墓中就发现了荞麦，距今已有2000多年的历史。

明代以后，随着玉米、番薯、土豆等高产农作物的引入和迅速推广，荞麦种植面积逐渐减少。不过，荞麦却具有上面这些作物所不具有的优点：它抗逆性强，适应范围广，耐贫瘠，好养活，生长周期短，是典型的低投入高产出作物。现在我国的荞麦主产区大多是比较偏远落后的高寒山区和少数民族地区。如果能大力发展荞麦生产和产品开发，将会推动相关边远山区和少数民族地区的经济发展。

荞麦富含淀粉、蛋白质、脂肪和微量元素等，其中膳食纤维、赖氨酸等含量较高，营养价值明显优于大米、小麦、玉米等；还含有芦丁、槲皮素等对人体有益的黄酮类物质。

荞麦是我国人民的重要口粮之一，荞麦食品种类丰富，比如荞麦面、荞麦粥以及陕西名小吃荞麦饸饹、荞面碗坨等。我国的邻国俄罗斯是荞麦生产第一大国，荞麦是俄罗斯人的主粮，俄罗斯人把荞麦制成荞麦面包、荞麦饭、荞麦酒等。日本是荞麦的主要消费国和原料进口第一大国。日本人很喜欢荞麦面，除夕夜要吃荞麦面，寓意健康长寿。日本著名短篇小说《一碗阳春面》中的阳春面就是清汤荞麦面，由一碗面引出的亲情牵绊，令读过的人久久难忘。

líng

菱

【别名】菱角、芰
【学名】*Trapa natans*
【家族】千屈菜科
【株高】水生
【分布】分布于我国黑龙江、吉林、辽宁、陕西、河北、河南、山东、江苏、浙江、安徽、湖北、湖南、江西、福建、广东、广西等省区水域；日本、朝鲜、印度、巴基斯坦也有分布
【花期】5—10月

三角形的菱叶像一把把花边小扇子

剥去硬壳，露出洁白爽脆的菱肉

“菱池如镜净无波，白点花稀青角多。时唱一声新水调，谩人道是采菱歌。”在唐代诗人白居易的《看采菱》中，出现了一幕人们唱歌采菱的美丽画面。菱角的味道更是鲜美，剥去硬壳后，新鲜的菱肉无论是生吃还是煮熟吃，都脆嫩而清香。

菱是一年生草本植物。它有两种根，一种像铁丝般深深扎入水底泥土，另一种则像一丝丝羽毛漂在水中。它的叶子也有两种，浸入水下的沉水叶和水面上的浮水叶。沉水叶小小的，会早早凋落；而浮水叶聚生在主茎或分枝茎的顶端，彼此交错相叠，组成莲花座般的盘状物。菱的叶子是略偏圆的菱形，叶缘中上部带锯齿，像一把把绿油油的花边小扇子，上面印有棕色的斑块。菱开出的花很小，只有叶片的一角那么大，四个白色的小花瓣围着浅黄色的花蕊，在菱叶间稀疏地绽放。

开过花以后，吃货们最期待的果实——菱角就长出来啦。略呈三角形的菱角用手拿要小心，因为其中两个像牛角般微微上挑的角又尖又硬，不小心扎到皮肤会很痛！菱角的颜色根据品种不同有红色、绿色和紫色，离水干燥后会变成褐色或黑色。剥去这层颜色暗淡的硬壳，露出雪白的菱肉。菱肉生吃起来脆生生、甜津津，可清热解暑、除烦止渴，煮熟后可以配上莲藕、莲子炒一盘“荷塘三宝”；也可以炖肉、烧排骨，清香解腻，益气健脾。真是荤素都能搭档的好食材啊。

小小的雄花

叶柄的气囊托住叶片漂浮在水面

菱的雌花和刚刚长出的菱角

马蹄、茭白、慈姑、莲藕，再加上菱，能吃到这“泮塘五秀”炒出的菜，可是难得的幸事

yú shù
榆 树

【别名】榆、白榆、家榆、钻天榆、钱榆
【学名】*Ulmus pumila*
【家族】榆科
【株高】10~25 米
【分布】东北、华北、西北及西南、长江下游各省区
【花期】3—6 月

榆树喜欢光照，树干能长到 20 多米高

榆树花只有萼片没有花瓣

榆钱的吃法很多，榆钱窝窝头、榆钱粥、榆钱炒蛋味道都不错

结满榆钱的果枝

榆树暗灰色的树皮有不规则的纵裂

榆钱是榆树的果实，因为形状又圆又薄，像硬币一样，便得了“榆钱”这么个名字。这种翅果嫩的时候，生吃又脆又甜，要是和上面粉，上屉蒸熟，再加入酱油和芝麻油等佐料，那真是鲜美无比的春天味道。

榆树是一种落叶乔木，长得非常高大。树皮暗灰色，有不规则的纵裂，摸上去很粗糙，让人想到岁月的沧桑。榆树到了秋天，叶子会变成美丽的金黄色，冬季便掉光叶片。

初春时，还没长出新叶，榆树就先开花了。榆树的花朵很小，而且只有萼片没有花瓣，再加上开在高高的树冠，很少有人注意。但过不了多久，翅果逐渐长大了，成簇挂在枝头，把树枝都裹满了。这时，人们迫不及待地来采摘了。四五月份，榆钱正是嫩的时候，淡绿色，也是最好吃的时候，待到成熟变白，口感就要打不少折扣了。

除了榆钱，榆树还有其他能吃的部位。红军长征时，粮食极度匮乏，红军战士便吃榆树皮果腹。这是因为榆树的树皮内含淀粉，可以磨成榆皮面食用，当然口感就跟白面差远了。除了树皮，榆树叶也可以作为家畜饲料。不过，最适合食用的，当然还要数榆钱了。春暖花开时，除了踏青，你也来尝尝榆钱这种春季才有的当季美味吧。

依人（薏仁）珠链

你可以使用这些材料：240厘米长冰丝流苏线、手捻钻、未去壳的薏仁米。

这样做可以让你的作品更漂亮：

1. 冰丝流苏线可用串珠线替代；
2. 手捻钻可用锥子、缝纫针替代。

制作步骤

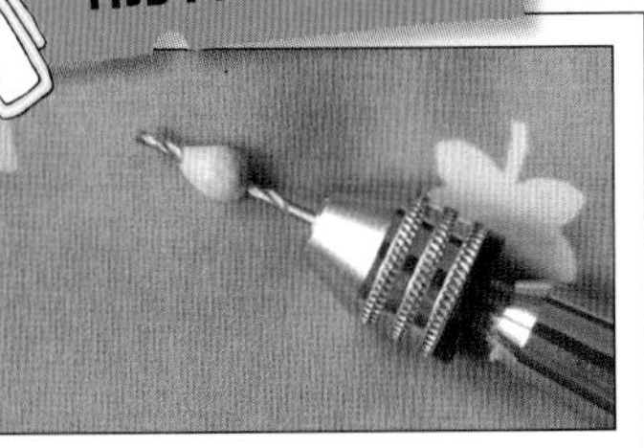

❶ 用手捻钻给薏仁进行扩孔。

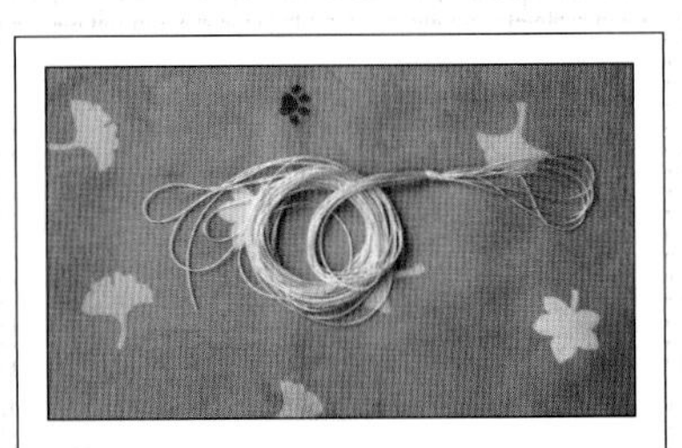

❷ 将240厘米长冰丝流苏线连续对折，形成30厘米长、8条线组成的一束线，在10厘米处打一个结。

❸ 将20厘米处的8条线分成两边各4条，将扩孔过的薏仁珠子穿过去，珠子成上下排序。

❹ 紧接着在两颗珠子下面打个结。

❺ 同样的方式依次穿珠。

❻ 根据手腕的粗细来确定穿珠的数量。

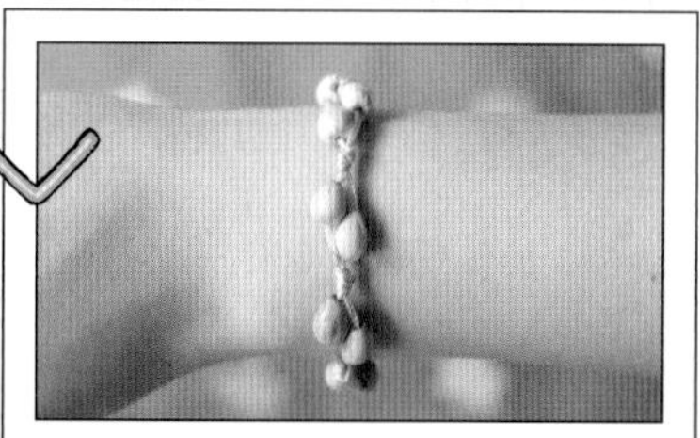

❼ 两端联结成一个活结，一条“依人珠链”就完成了。

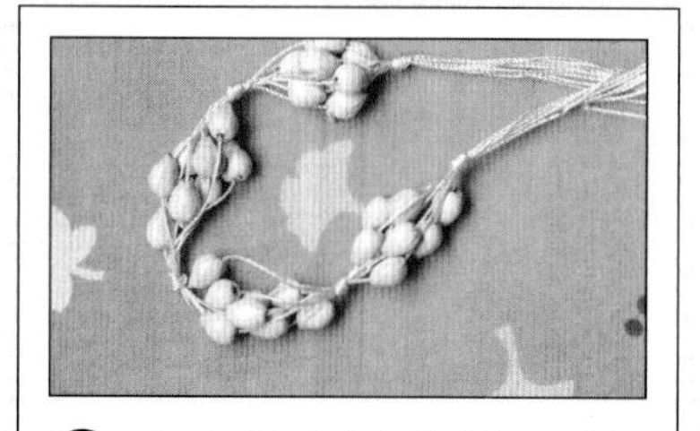

❽ 也可以将丝线四等分、八等分等根据自己的喜好进行穿珠。

❾ 还有不同的颜色呈现哦。

huā jiāo

花 椒

【别名】椒、大椒、蓁椒、蜀椒
【学名】*Zanthoxylum bungeanum*
【家族】芸香科
【株高】可高达3米
【分布】在我国北起东北南部，南至五岭北坡，东南至江苏、浙江沿海地带，西南至西藏东南部都有生长
【花期】南方的花椒，花期较早，约在3月中旬，北方花椒夏季开花，7—8月采收的称“伏椒”，9—10月采收的称“秋椒”

结有花椒的枝条

花椒红色的果实表皮长满粗大突出的腺点

为什么吃了花椒，嘴会发麻？最近的科学研究表明，花椒的麻感其实是其中的一种物质，激活了口腔中感受振动的神经纤维，这种感觉类似触碰到50赫兹的振动。难怪吃上几颗花椒，嘴里就感觉颤动不已。

花椒的名字，最早有文字记载是在《诗经》里。《椒聊》一篇就是用花椒来赞美家庭子孙繁多的兴旺场面。因为花椒结果时，一粒粒红色的、紫红色的小果子挤满枝头，看上去很是热闹。这些花椒果实表皮密生粗大的腺点，腺点里储存着挥发性芳香物质。花椒麻的不光是果实，如果你好奇摘下一片嫩叶在嘴中咀嚼一下，会发现连叶子都有花椒香味儿，这是因为花椒叶片上也长着透明腺点。

我们如果把一粒花椒掰开，仔细看看，会发现里面至少能分出三层。李时珍在《本草纲目》中提及的“椒目”即是花椒正中间黑色的种子，“黄壳”指花椒的内果皮，“椒红”是指花椒凸凹不平的外果皮。花椒除了用来给食品添滋味，花椒果皮中含精油，可作为芳香防腐剂。把花椒用作中药，有温中行气、驱寒、止痛、杀虫等功效。花椒的木材木质部结构密致均匀有绢质光泽，是制作工艺品的好材料。

每年夏季枝梢会长出黄绿色聚伞状的短圆锥小花序

花椒的茎干上有刺

你要是想采摘花椒可要小心被划伤手指

jiāng

姜

【别名】生姜
【学名】*Zingiber officinale*
【家族】姜科
【株高】0.6~1 米
【分布】原产印度尼西亚，我国中部、东南部至西南部各省区广为栽培
【花期】在温带地区一般不开花，偶尔秋季开花

炒菜前在热油中下几片姜片，其中的萜类物质会散发出香气，能够去腥，而姜的辣味则来自姜辣素

姜辛辣而温暖，民间有用姜茶驱寒的偏方

生姜的花有松果状穗状花序，很是精致

姜花下有绿色的苞片，花被橙黄色，唇瓣紫色

姜的地上部分长出竹叶一样的叶片

姜的根茎是厨房里常用的调味品。淡黄色的根块里包裹着粗纤维，散发着独特的香气。有句俗话说："姜还是老的辣。"老姜水分少纤维多，但是适合种植。民间有"姜够本"的说法，元代的农学家王祯在《农桑通诀》中就曾写道："四月，竹箪爬开根土，取姜母货之，不亏元本。"种姜是用一小片老姜做"种子"，埋在沙土地中，收成好的话，一亩能得三千斤。万一遇到天时不利，地上什么都长不出来，只要挖出原来种下去的老姜，照样能吃、能卖而不会丢了老本。

姜也很适合种植在窗台、阳台，把从菜场买来的生姜块埋入透气的沙土中，不久就会长出披针形的叶子，就像嫩竹节或者水稻叶。用手掐一下叶片，一股芳香辛辣的气味扑鼻而来。

要是养得好，姜苗能长到 1 米高。秋天时，有些姜苗还会开花，总花梗可长达二三十厘米，穗状花序呈球果状，像一个绿色的松果立在花梗顶端。每朵花长着卵形带尖头的苞片，像一顶顶淡绿色或淡黄色的小鸭舌帽。暗紫色的花朵在"球果"上次第开放，非常美丽，有种紫色天鹅绒一般的质感。

生姜除了用作调味品，更是传统医学中的常用药材。生姜主治"感冒风寒，呕吐，痰饮，喘咳，胀满"等病，它的茎、叶、根茎均可提取芳香油，用于食品、饮料中。

yù

芋

【别名】芋头、水芋、芋艿、毛芋、青皮叶
【学名】*Colocasia esculenta*
【家族】天南星科
【株高】可达1米以上
【分布】原产我国和印度、马来半岛等地，我国南北广泛栽培
【花期】花期2—4月（云南）至8—9月（秦岭）

芋是多年生湿生草本植物。卵形球茎中富含淀粉，我们平常吃的就是这一部分了。芋头可以蒸食、煮食，也可以与肉同炖，吃起来香糯可口，非常爽口。

芋头的块茎埋在土中，倒是长长的叶柄和大大的叶片很是惹人注目。芋的叶柄比叶片长，能长到90厘米。叶片是宽卵状的，先端变得短而尖，最长能长到50厘米。神奇的是叶子表面有纳米级致密覆盖物，就像给叶片包上了一层油布，如同荷叶一样不透水，水珠在上面可以滚来滚去不散开。花序柄常单生，短于叶柄。

芋头的花序很像庙里面供奉佛祖的烛台形状，这种花序就得了“佛焰苞”这么个名字。绿色的管部顶端展开成舟状，“小舟”的边缘微微内卷，呈现出淡黄色或绿白色。长在里面的肉穗花序长约10厘米，比佛焰苞稍短。

芋最喜欢生活在高温湿润的地方，在我国，愈向南，芋的栽培就愈盛。在我国广西荔浦县，出产的荔浦芋头是鼎鼎有名的地方特优产品。要提醒吃货朋友们的是，千万不要把芋头和海芋弄混。两种植物看起来有些形似，都有巨大的扇形叶子和连接的块茎，海芋的块茎中含有大量难以去除的草酸钙针状结晶，对人体有害。只要细心观察两种植物的块茎：芋头的块茎是橄榄球形或卵形，海芋的通常是圆柱形，就可以轻松鉴别它俩了。

叶片表面纳米级的覆盖物防水力很强

芋头大大的叶片像一张小盾牌

芋头的花不会完全开放，看起来是细细的一条

mǎ líng shǔ

马铃薯

【别名】洋芋、土豆、山药蛋
【学名】*Solanum tuberosum*
【家族】茄科
【株高】0.3~0.8 米
【分布】原产热带美洲的山地，现广泛种植于全球温带地区
【花期】春末夏初

人们吃的是**马铃薯**埋在地下的块茎

成片的**马铃薯**花美景

油炸薯条就是**马铃薯**制成的

白色或紫色的花颜色雅致

马铃薯的叶子是大大的羽状复叶

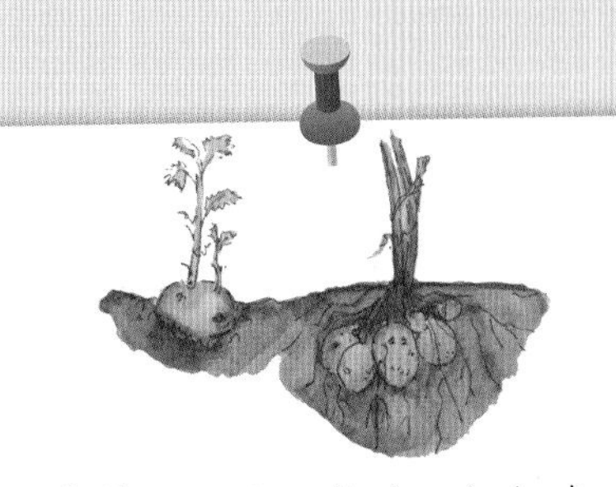
发芽的土豆不能吃，但把发芽的土豆种到土壤里可以长出小土豆

马铃薯还有个更接地气的名字：土豆。我们今天能够吃到土豆，要感谢美洲的印第安人。安第斯山脉的的的喀喀湖区可能是土豆最早被栽培出来的地方，后来印第安人开始有意识地驯化野生土豆。土豆逐渐被引种到世界各地，受到全世界人的喜爱。土豆在中国不同地方名字很多：洋山芋、山药蛋、洋芋都是它的昵称。

我们吃马铃薯是吃它的块状地下茎。马铃薯是一种草本植物，它的叶子是大大的羽状复叶。虽然土豆常见，但在城市里见过土豆花的人可不多。与长相朴素的根茎不同，土豆的花很美，白色与蓝紫色相间的花瓣，伸展开来，颇有几分水仙花的风姿。夏天时，成片的土豆花盛开在呼伦贝尔的土地上。让很多见过南方漫山遍野油菜花的人们惊叹不已。块茎不是土豆的果实，它的浆果是一颗颗大约 1.5 厘米直径的圆球，外表光滑，里面有很小的种子。其实地下的块茎长得好不好，和地上的部分开不开花、结不结果没有太直接的关系。其他种类的植物阴雨天会影响花朵授粉，结不好种子，但块茎繁殖恰恰可以克服这一点。尝试用种子播种的人们发现，播种后不但土豆的产量低，而且会发生严重的“性状分离”现象。种子里各种隐藏的性状都在下一代里毫无规律地表现出来了。所以农业生产上还是靠无性繁殖的块茎，它的性状更稳定。因为块茎富含淀粉，可供食用，油炸薯片薯条都相当美味可口，酸辣土豆丝也是很受欢迎的家常菜。

gān zhè

甘蔗

【别名】秀贵甘蔗
【学名】*Saccharum officinarum*
【家族】禾本科
【株高】秆高3~5米
【分布】原产热带岛国或印度，在东南亚太平洋诸岛国、大洋洲岛屿和古巴等地以及我国南方广泛种植
【花期】低纬度、较高纬度地区开花多，海南的常开花，长江流域的通常不开花

甘蔗、甜菜都是制糖的植物

甘蔗像竹子一样有分节

甘蔗算得上水果店里的异类。它的外表奇特：茎有一人多高、又长又直，像金箍棒一样。它的吃法怪异：剥开韧性十足的深棕色外皮，露出淡黄色的芯子，咬上一口松软多汁，可是吮吸掉甜汁以后，还要吐出满口的渣子。就是这种不走寻常路的水果，却俘获了一大批吃货的心。

还没长高的小甘蔗

甘蔗是多年生的草本植物，也是制作白糖的原料。储存糖分要求甘蔗必须接受大量的日照，就要长得高、站得直。为此，甘蔗进化出了粗壮发达的根状茎，茎上像竹子一样有二三十个分节。我们在水果店见到的甘蔗已经被除去了叶子。甘蔗的叶片长可达1米，包裹着甘蔗茎。就算你到甘蔗地里去，也很难看到甘蔗开花。这是因为植物开花会消耗很多能量，导致甘蔗的糖分降低，影响榨糖质量，所以农业生产中会在它开花前“砍头”，用下面的茎来榨糖或食用。

为了不让甘蔗开花，果农会砍掉甘蔗头

甘蔗汁液中的蔗糖含量高于10%，甘蔗不光好吃还有补血的功效。不过，有句俗话：“清明蔗，毒过蛇”。说的是清明节过后，天气开始变得炎热起来，甘蔗也会产生霉变，出现红心的现象，产生有毒物质。这种霉变甘蔗对人体危害很大，千万不要食用。

甘蔗表面会长出一层白色的蜡粉

gū

菰

【别名】菰蒋，茭儿菜，茭笋，雕胡
【学名】*Zizania latifolia*
【家族】禾本科
【株高】1~2米
【分布】产黑龙江、吉林、辽宁、内蒙古、河北、甘肃、陕西、四川、湖北、湖南、江西、福建、广东、台湾等，水生或沼生，常见栽培；亚洲温带、日本、俄罗斯及欧洲也有分布
【花期】黑粉菌寄生不开花

今人已很难吃到传说中软糯香滑的菰米饭了，不过，北美有一种叫*wildrice*（野米）的粮食，是菰在北美的近亲

野生菰生在水边，微风过后与水源一道成为独特的风景

菰在中国食材中，算得上命运坎坷，却因祸得福的一种。菰是多年生水生植物，秆高大粗壮，叶片扁平宽大，花果期较长。它是中国古代重要的粮食作物，也是古代典籍《周礼》中记载的“六谷”之一。古代人民采集菰的成熟颖果加工制成菰米，又叫雕胡米。菰米软糯香滑，深受人们的喜爱。《全唐诗》中光是提到菰（雕胡）的就有一百多首，如李白的“跪进雕胡饭，月光明素盘”，杜甫的“滑忆雕胡饭，香闻锦带羹”等。

到了宋代以后，菰米却开始淡出中国人的餐桌，这跟很多原因有关：菰的花果期长，颖果成熟时间不一致，成熟后易自然脱落，这些都增加了采收的难度；菰的结实率低，产量很低，另外菰容易被菰黑粉菌侵染导致不再开花结果。跟菰米这种低效率的粮食相比，人们更喜欢水稻。不承想，导致菰不结果的黑粉菌却给它带来意外的好处。

菰被菰黑粉菌感染后，会刺激薄壁细胞大量分裂形成肥大的营养体来供真菌生长，这个畸形膨大的茎就是茭白。茭白口味清鲜甜美，被列为江南三大名菜之首、“水中八仙”之一。古老的菰就这样一个华丽转身，离开谷物圈，以蔬菜的身份重返中国人的餐桌。

wō jù
莴苣

【别名】生菜、莴笋、千金菜
【学名】*Lactuca sativa*
【家族】菊科
【株高】0.25～1米
【分布】全国各地广泛栽培
【花期】花果期2—9月

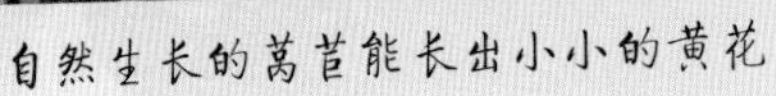

自然生长的莴苣能长出小小的黄花

莴苣中纤维素含量很高

莴笋的叶子也能吃

世界各地有不少关于莴苣的故事。《格林童话》里，一对夫妇由于偷采莴苣，得罪了女巫，受到了惩罚。在我国，杜甫、陆游都曾创作过以莴苣为主题的诗词。

莴苣有着粗壮的肉质茎和肥厚的叶子，茎直立单生，外表的白色皮很坚韧，做菜的时候要去掉这层表皮，便能看到藏在表皮之下，淡青色玉石一样的茎。莴苣的叶子和白萝卜的叶子形状类似。如果让莴苣恣意生长，就能在顶端看到小小的黄花，很像蒲公英花。开花过后会长出褐色或灰白色瘦果，这就是来年种植莴苣的种子。

莴苣在栽培的过程中被人类选育出两大类：一类主要吃叶，这就是“生菜”，根据叶子形状不同还能再分成结球莴苣和长叶莴苣。另一类主要吃茎，这就是“莴笋”，肉质细嫩的茎很适合各种做法，或是做成酱菜。莴笋的叶子虽短也能当蔬菜凉拌食用。莴笋比生菜更加耐寒。所以生菜多分布在华南地区，而莴苣遍植南北。莴笋中含有氟元素，可参与牙釉质和牙本质的形成和骨骼的生长，对儿童换牙、长牙很有好处。不过，什么东西再好也不能多吃，由于莴苣中的某些生化物对视神经有刺激作用，过量食用会发生头昏嗜睡的中毒反应。

莴苣的头状花序，簇生着黄色的小花

主要吃叶的莴苣：生菜

shí diāo bǎi

石刁柏

【别名】露笋、芦笋、龙须菜
【学名】*Asparagus officinalis*
【家族】天门冬科
【株高】约1米
【分布】原产欧洲，中国也有栽培
【花期】花期5—6月，果期9—10月

菜场卖的芦笋都是还没长大的嫩芦笋

竹笋和芦笋

在塑料大棚尚未普及的年代，市场上有种很受欢迎的“芦笋罐头”，里面是白白软软手指粗细的瘦长茎条，口感面面的。如今农业发达了，昔日的“白长条”罐头很少见了，取而代之的是四季不断的大棚蔬菜石刁柏，它有个更家喻户晓的名字——芦笋。

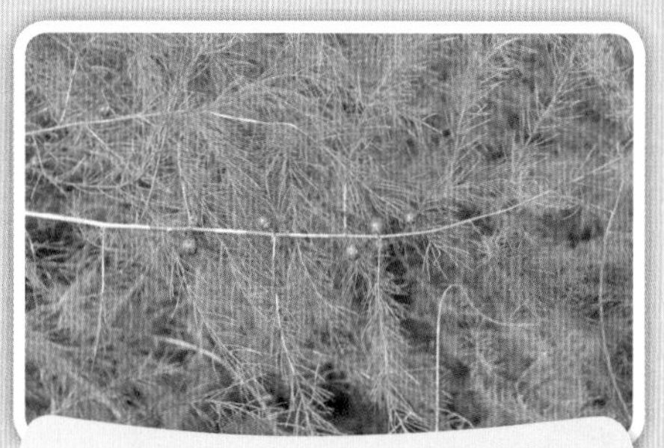
芦笋的红色果实中包裹着种子

虽然名字里面有芦有笋，但是芦笋与芦苇和竹笋都没亲戚关系，作为多年生的直立草本，它的茎很平滑。要是让它肆意生长，茎会慢慢变弯，顶上的芦笋头会俯垂下来。植株能长到 1 米高。不过我们在菜市场上，或者超市里见到的芦笋，茎都是笔直的，这是因为为了鲜嫩的口感，不等它长大，菜农就早早采摘了。

春天芦笋从地下冒出头来

我们吃的主要是芦笋嫩茎和鳞芽。春季它从地下茎上抽生出嫩茎，人们培土软化获得鲜嫩的蔬菜茎，若不经过这样处理，嫩芽就会长成地上的叶状茎。春夏开花，它的腋生花是绿黄色的，花被片有 6 枚，雄花花丝中部以下贴生于花被片上，雌花较小。开花过后结出的红色浆果中有两三枚种子。用种子或分株均可繁殖。除了嫩苗可供食用，它的肉质块根还可供药用，有润肺、镇咳的功效。除此之外，由于形态优美、果实鲜红，它还被用作观赏植物。

聆听林音

你可以使用这些材料：粗细各色麻绳、熟板栗、剪刀、牙签、砧板、水果刀、细铁丝。

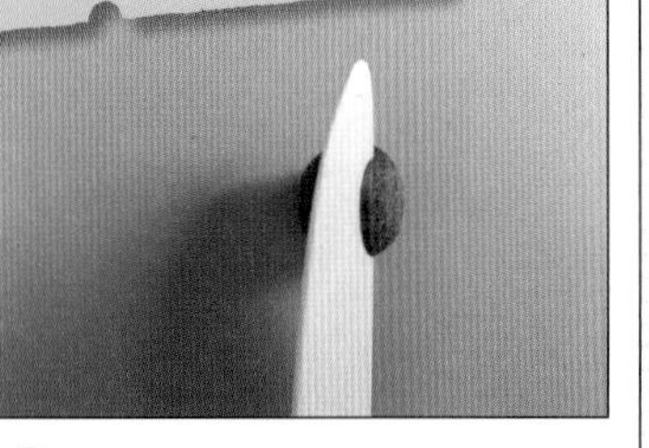

❶ 将熟板栗沿着外壳盖边缘处切下，将果肉取出。

❷ 准备十个左右板栗壳。

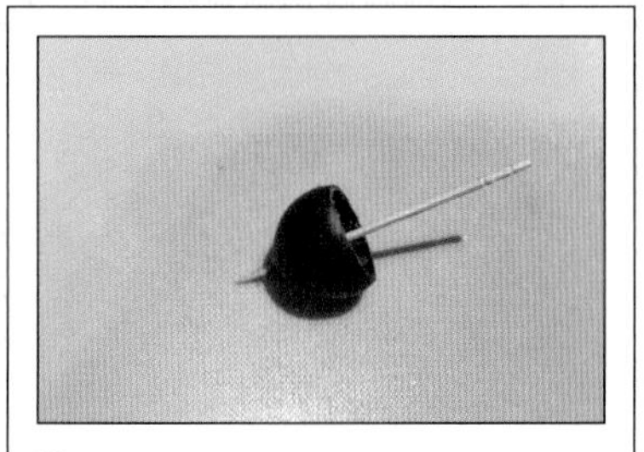

❸ 用牙签穿过板栗外壳底部中心，钻一个洞。

❹ 取20厘米细麻绳对折穿过对折的细铁丝，将铁丝开口的部分穿过牙签扎好的洞眼，麻绳两端不要完全拉入。

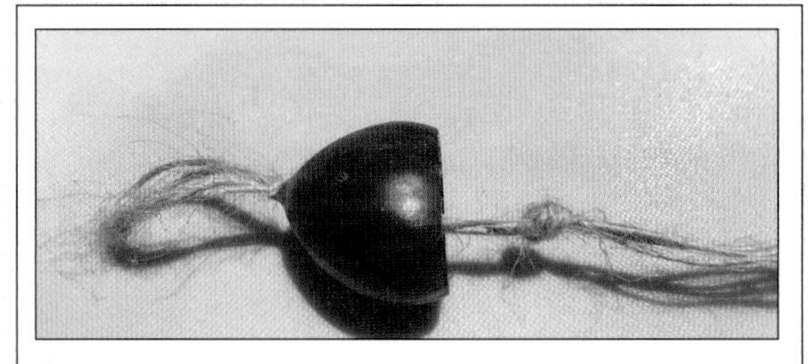

❺ 将麻绳上下理整齐，在麻绳下端3厘米处打结并拉直。

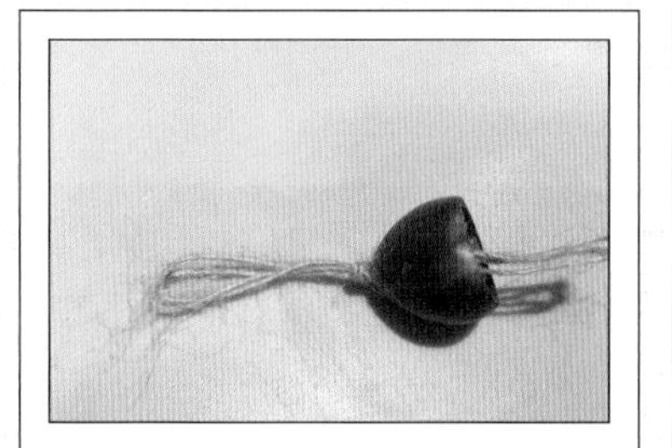

❻ 在麻绳上端打结，使板栗最终完全固定。

❼ 剪掉下端超过板栗底部的麻绳，所有的板栗同样操作。

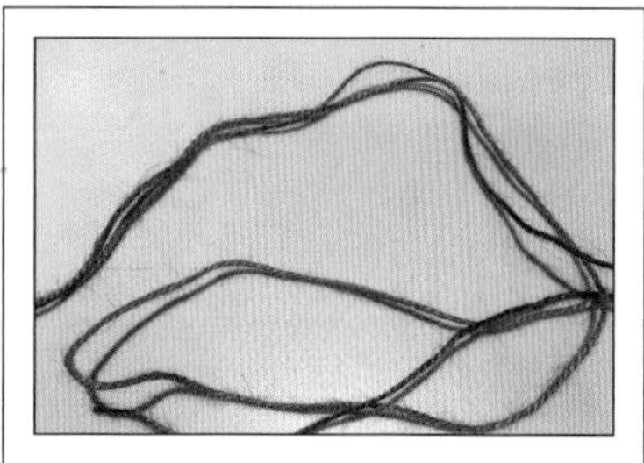

❽ 取两色麻绳各180厘米长。

❾ 从20厘米处开始编织金刚结，终止于尾部20厘米处，用十字结方式每打一个十字结就套一个板栗，直至所有板栗套完，用十字结方式收尾。

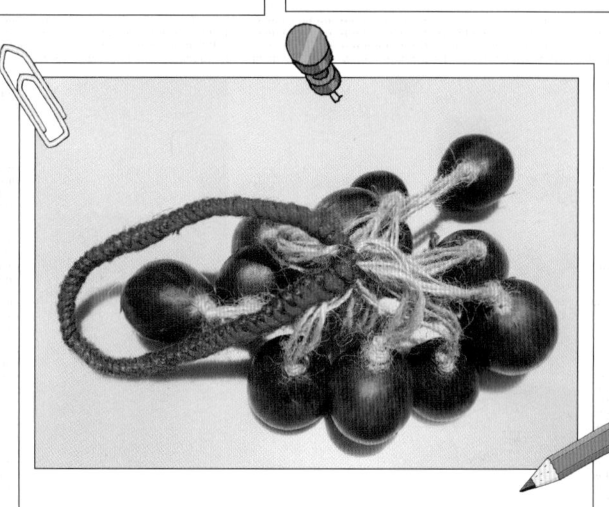

这样做可以让你的作品更漂亮：

1. 在板栗刚出锅时分离板栗肉会更容易，也可以将热板栗直接投入冷开水或冰水，利用热胀冷缩原理将果肉和果壳分离；
2. 金刚结、十字结可直接网络搜索获得教程，较为容易上手；
3. 除了栗子壳，你还可以用其他硬果壳来制作不同音质的自然手摇铃。

luò kuí

落葵

【别名】蘩露、藤菜、木耳菜、胭脂菜、豆腐菜、潺菜
【学名】*Basella alba*
【家族】落葵科
【株高】缠绕草本
【分布】原产亚洲热带地区；我国南北各地多有种植，南方有逸为野生
【花期】5—9月

落葵吃起来像木耳一样，这口感来自其中的粘多糖

播种后两个月，就能采摘叶片吃，落葵成了不少阳台菜园的新宠

落葵的花蜿蜒生长（王辰供图）

落葵是一种野菜，它的俗名“木耳菜”更家喻户晓。江浙沪一带又把它叫做紫角叶。炒熟的落葵叶吃起来质地爽滑，一点儿也吃不出植物的纤维感，口感似木耳，它的别名就是这么来的。之所以吃起来像木耳那么爽脆、黏滑，是由于它含有大量黏液细胞，其中富含黏多糖类物质。这些黏多糖类物质很难被人体消化吸收，不过却可以促进胃肠道蠕动，还可以为肠道益生菌群提供营养，对胃肠道健康很有帮助。除了黏多糖，落葵还含有葡聚糖、胡萝卜素、多种维生素和钙、铁等微量元素，营养丰富。

除了“木耳菜”，落葵在各地的别名特别多，可以窥见它那悠久的栽培和食用历史。最早在《尔雅·释草》中就有关于落葵的记载。南北朝时，陶弘景在《本草经集注》写道：“落葵又名承露，人家多种之，叶惟可食，冷滑。”描写了当时人采摘落葵的嫩梢、嫩茎叶食用的场景。

需要为落葵搭架子，才能让它长高

落葵的花很特别，一朵朵顺着蜿蜒的藤条排列着。用来保护花瓣的小苞片和花瓣合生在一起，花朵是鼓鼓的肉质，花期也不开放。授粉后结出果实，多汁的果实外依然包裹着肉质的小苞片和花瓣。落葵果实成熟后颜色深紫，有些颜色浓得像黑色一样，含大量色素，可用作天然染料和食品着色剂。

bō cài

菠菜

【别名】波斯菜
【学名】*Spinacia oleracea*
【家族】苋科
【株高】可达1米
【分布】我国及世界各地普遍栽培
【花期】4月前后

菠菜中草酸含量比较高，能跟钙结合，所以吃了不焯水的菠菜，会发现牙齿变得涩涩的

菠菜含有大量铁元素和胡萝卜素，也是各种健康食谱的常客

在中小学的生物实验课上，菠菜常被用来提取叶绿素

菠菜花很低调，没有鲜艳的花瓣

摘下叶片保留根茎，菠菜还会生出新叶

菠菜算得上是餐桌上最常见的蔬菜之一了。不过，要是你见过自然生长的菠菜，一定会大吃一惊。因为野外的菠菜能活1～2年，长到1米高。没错，为了口感，人们只吃菠菜苗，这才是我们常吃的“菠菜”。所以，你也没见过菠菜开花结果吧，因为我们吃的菠菜实在太嫩了，根本还没长到能够开花结果的时期。

菠菜不是我国土生土长的蔬菜，而是古时候从波斯传过来的，所以它还有个名字叫“波斯菜”。菠菜的营养价值很高，富含维生素C及磷、铁等元素，所以经常有大夫对缺铁性贫血的患者开出菠菜这个食疗方。不过，就算是对人体有益的东西，也是过犹不及，不能吃太多，因为菠菜中含有一种能够让人产生结石的化学物质——草酸。好在草酸很不稳定，只要用开水烫一下，就可以去除，开水烫还能减轻菠菜涩涩的口感，吃起来更加可口。

虽然叶子是绿色的，菠菜的根却是通红的。有人吃菠菜喜欢去掉根，嫌它带土、脏污。这可是买椟还珠的行为，因为菠菜的根营养丰富，对人体很有好处，而且吃起来甜甜的，能为菜品增添新的滋味。

菠菜绿叶红根，反差鲜明，使得它得了个“红嘴绿鹦哥”的绰号，这可是元宵灯谜中常见的谜面，下次你再去逛元宵灯会，就能毫不费力地猜对这道题了吧。

xiàn cài
苋菜

【别名】雁来红、老来少、老少年、三色苋
【学名】*Amaranthus tricolor*
【家族】苋科
【株高】0.8~1.5 米
【分布】分布于亚洲南部、中亚、日本等地，我国南方各地普遍栽培
【花期】花期 5—8 月，果期 7—9 月

肆意生长的苋菜能长到超过 1 米

炒菜时，苋菜中的花青素会把菜汤染成紫红色

餐桌上，苋菜是一道让吃过的人印象深刻的菜，它那紫红色的菜汤在一桌绿油油的蔬菜中，显得特别醒目。原本深绿色、带点紫色的蔬菜，怎么会炒出紫红色的汤呢？这是因为，烹饪的热量破坏了苋菜的细胞壁，把苋菜中的一种天然色素：苋菜红释放了出来。

农田中的苋菜

苋菜可不仅在菜场中才能找到，我们在绿化带常常能见到用于绿化的苋菜变种——苋，这是一种布满彩色叶子的一年生草本植物，它直立向上生长，能长到 1 米左右，叶子轮生，叶片绚丽多彩。从下往上，最底部的叶子是绿色，中段出现红紫绿的渐变色，到了顶端，叶子的颜色越发鲜艳起来。同一片叶子上从内向外可以数出红黄绿三种颜色，非常奇特。曾有人写诗赞美它：“绿绿红红似晚霞，牡丹颜色不如它。空劳蝴蝶飞千回，彩叶原来不是花。”

除了三色或四色叶子的品种，还有红紫色苋菜

没错，虽然远远看去，它的茎顶端顶着红黄色的“花”，可这其实是它的嫩叶。到了初夏时，苋开花了，茎的高处，顶着深红色的穗状花序。初秋时，结出一粒粒黑色的、小米粒一样的种子。

苋富含铁和钙元素，维生素含量也很高；根和果实是具有明目和通便功效的中药。不过，绿化带里的苋可千万不要食用，一来，我们餐桌上的苋菜都是经过培育的改良品种，口感好了不少。二来，绿化带中常常会喷洒除草剂等药物，误食会带来危险。

不少颜色鲜艳的植物，都含有天然色素

chún　　cài

莼　菜

【别名】水案板
【学名】*Brasenia schreberi*
【家族】莼菜科
【株高】叶柄可达0.4米
【分布】产地有江苏、浙江、江西、湖北、湖南、四川、云南，俄罗斯、日本、印度、美国、加拿大、大洋洲东部及非洲西部均有分布
【花期】6月

西湖莼菜羹是杭州名菜

莼菜深绿色、椭圆形的叶子浮于水面

夏天，花茎抽出，开出紫红色的小花

卷曲着的嫩茎叶，就是最鲜嫩的食材了

去西湖旅行时，可以尝尝莼菜这种水生植物的独特滋味。西湖莼菜羹是江南的一道传统名菜。采摘尚未浮出水面的嫩茎叶，配以鸡胸肉、火腿等做成汤羹。富含胶质、本身并无味道的莼菜与这些鲜美食材碰撞，化成一碗色泽碧绿、香醇润滑的美味羹汤，这是许多食客心心念念的必吃美食。

也正因为这一口令人难以忘怀的鲜美，莼菜承载了延绵千余年的思乡之情。这来源于晋书旷达才子张翰的亲身经历。张翰在洛阳做官，秋风起时，思念起吴中特产：味道鲜美的菰菜、莼羹、鲈鱼脍。对家乡的思念让他毅然辞官不做，回到三千里外的家乡。自此，莼鲈入诗、入词，诸如“归路随枫林，还乡念莼菜”，“六月槐花飞，忽思莼菜羹”这样的诗句就这样流传千古。“莼鲈之思”也成为描述思乡之情的成语。

莼菜生于池塘、河湖或沼泽，是多年生水生草本植物，椭圆状长圆形的叶子漂浮在水面上。6月时节，莼菜开出紫红色的小花。10—11月是莼菜的果期，结出长卵圆形的坚果。莼菜对水质的要求很高，要求水质澄清，底土肥沃。由于生境丧失和过度利用，野生莼菜已经位列国家一级重点保护植物。目前莼菜入选浙江首批农作物种质资源保护名录，并建立保护区。希望莼菜这存在数千年、渗入文化的自然珍品也能让千年后的吃货们一饱口福。

jí cài

蕺 菜

【别名】鱼腥草，侧耳根，折耳根
【学名】*Houttuynia cordata*
【家族】三白草科
【株高】0.3~0.6 米
【分布】陕西、甘肃及长江流域以南各省，以及日本、印度尼西亚爪哇岛
【花期】4—7 月

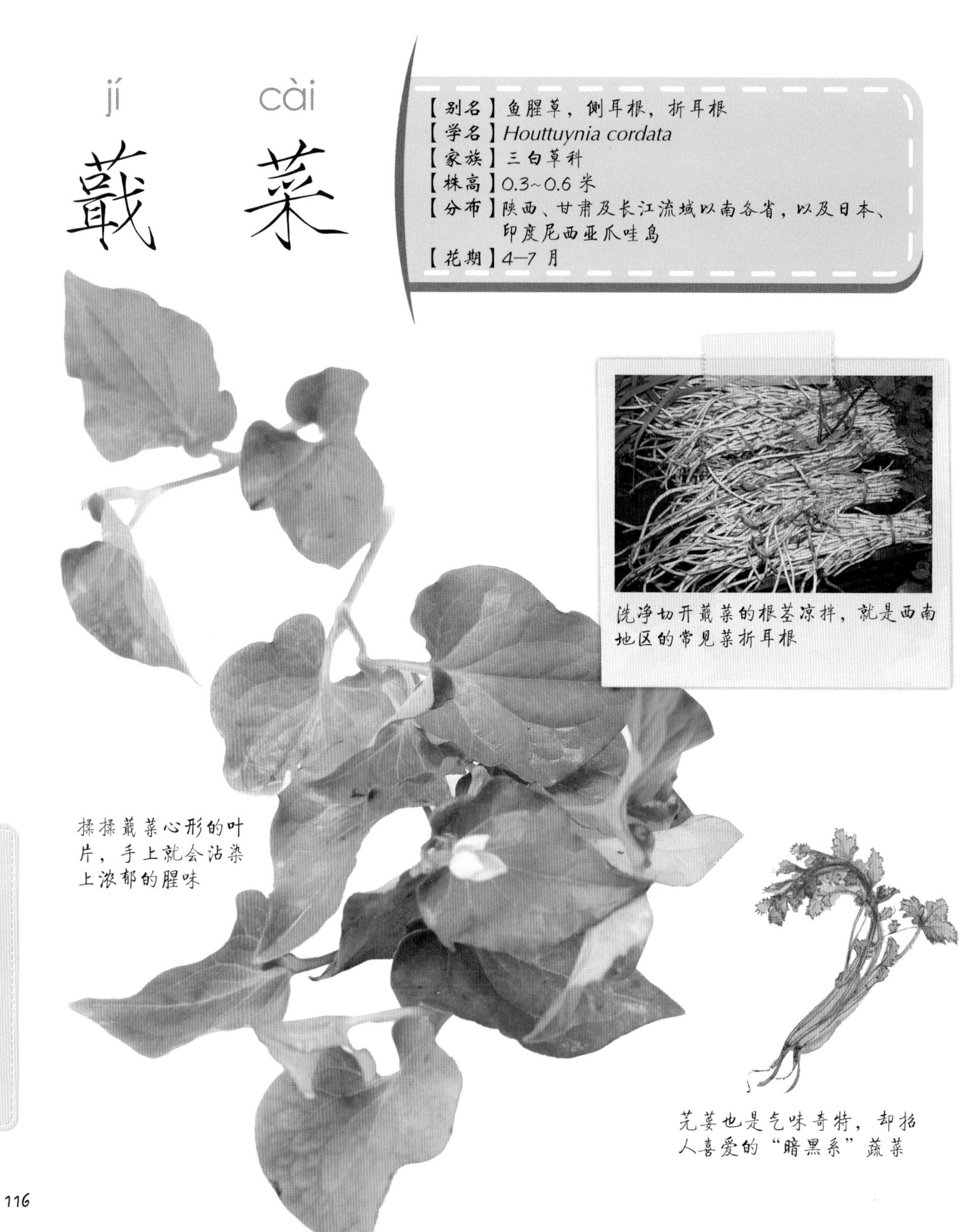

洗净切开蕺菜的根茎凉拌，就是西南地区的常见菜折耳根

揉揉蕺菜心形的叶片，手上就会沾染上浓郁的腥味

芫荽也是气味奇特，却招人喜爱的“暗黑系”蔬菜

蕺菜的花瓣由叶片变态而成，能吸引昆虫来传粉

蕺菜喜欢潮湿的环境，在水边林下的潮湿地方广泛分布

蕺菜绝对是一种让人爱恨交加的植物。蕺菜很容易辨认。揉一揉它那心形的叶片，你的手上立刻就会沾上一股浓郁的腥味，这便是蕺菜别名“鱼腥草”的由来。

蕺菜的腥味是由一种叫癸酰乙醛的物质引起的，在化学上属于醛类。无独有偶，芫荽（香菜）的独特气味也是醛类造成的。正是这类物质，一手创造了这两大著名的“暗黑系”蔬菜。

蕺菜作为蔬菜种植的历史，和它入药的历史一样悠久。东汉的张衡设计了有名的“候风地动仪”，可以用于监测地震活动，他也是出色的文学家。张衡有篇很有文采的赋叫《南都赋》，歌颂了他的家乡南阳（今河南南阳）。文中说南阳的菜园里种着“蓼蕺蘘荷”，可见蕺菜在东汉就已经是栽培蔬菜了。到了唐代，本草学家苏恭也说当时长江流域的民众普遍喜欢生吃蕺菜。

和芫荽一样，喜欢蕺菜的人是极喜欢，讨厌蕺菜的人也是极讨厌。不过，有一点还是要提醒爱吃蕺菜的人：蕺菜含有马兜铃内酰胺，这种物质可能会引发肾脏损害和肾癌。不过，目前有关蕺菜致癌的医学研究还不充分，只要每天的摄入量不过多就问题不大。保险起见，恐怕还是少吃为好。

gān lán

甘蓝

【别名】卷心菜、包菜、洋白菜、圆白菜、疙瘩白
【学名】*Brassica oleracea*
【家族】十字花科
【株高】0.5~1 米
【分布】野甘蓝原产地中海地区，变种甘蓝在世界广泛栽培
【花期】花期 4 月，果期 5 月

不同品种的甘蓝

甘蓝蓝色叶片表面覆盖有粉霜

野生甘蓝有着又细又高的茎，对蔬菜来说，这太浪费养分了，人们淘汰了这些甘蓝，培育出各种新品种

一层又一层叶片，裹成甘蓝的大圆球

洋白菜、卷心菜说的都是甘蓝，这两个俗名起得很符合甘蓝的特点：一层叶片包着又一层叶片，裹成一个大圆球。剥掉一层层叶片，会在甘蓝的中心发现它那又粗又短的肉质茎。最靠近茎的叶子是乳白色或淡绿色的，卷心菜其实是甘蓝的一个变种，按叶球形状不同可分为尖头形、圆头形和平头形三种。

甘蓝是二年生的草本植物，我们吃的甘蓝，都是只生长了一年的嫩甘蓝，要是让甘蓝继续长大到第二年，中间的肉质茎就会生出分枝，并能长出展开长达 30 厘米的叶子。这时的甘蓝还会开出一簇簇淡黄色的小花，吸引蜜蜂来传粉。待花落，果实也就孕育出来，这些长角圆柱形的果长 6~9 厘米，看起来像是两侧被压扁的吸管。等到果荚成熟后，两侧裂开会看到里面整齐排列着棕色的球形种子，收获后就又可以来年播种了。

无论是吃的蔬菜甘蓝还是观赏的羽衣甘蓝，都能长出挺拔的花簇

甘蓝很耐寒，所以甘蓝一直是我国北方的贮藏蔬菜。现在各地都有大棚栽培蔬菜，不少蔬菜不再稀缺，变得一年四季都可以吃到了。但是甘蓝却不甘在温暖的大棚里被呵护长大，在它的成长过程中必须经历寒冷的考验：幼苗必须在 0 ~ 10℃生长一段时间，才能继续正常长大开花结果，在植物学上这个过程叫“春化”。甘蓝可真是一种愿意经受考验的“有志”蔬菜。

qīng cài
青 菜

【别名】小白菜、油菜、小油菜、甜油菜、鸡毛菜
【学名】*Brassica rapa*（Chinese Group）
【家族】十字花科
【株高】0.25~0.7 米
【分布】我国南北各省栽培，尤以长江流域为广
【花期】花期4月，果期5月

农田里的青菜被许多老叶包裹着

青菜花盛开的美景

青菜是菜市场很常见的蔬菜。在植物分类学上，它和大白菜一样都是芸薹这种植物的栽培品种。芸薹是个非常多变的种，有的品种可以蔬食，有的品种却主要用来榨油，通称“油菜”，结果弄得连青菜这种蔬食的品种也经常被叫成“油菜”。

青菜是一年或二年生草本植物，根部长得胖胖的，常呈纺锤形块根。要是你去菜田看看，可能根本认不出长在土里的青菜：它的叶子从下向上层层包裹，一层又一层。而我们在菜场里看到的青菜，已经是丢掉不少老叶后的精华了，看上去变瘦了不少。

青菜的叶片向根的方向颜色浅绿，含水量多，而往上长的方向颜色深绿，有光泽。如果让青菜充分长成熟，它便会在顶端开出黄色十字形小花。整个花序呈圆锥状，长约 1 厘米。花开过后长出绿色长角果，果瓣有明显中脉，这里就是未来果实成熟后，将要裂开的地方。长角果成熟后变得干枯，露出藏在里面的球形种子。把这种巧克力色的小种子播种，就会收获新的青菜了。

在上海，有一种名叫“鸡毛菜”的蔬菜很受人喜欢，这其实就是青菜的嫩苗，它们是同一种植物。鸡毛菜夏天上市，青菜冬天上市。鸡毛菜口感更嫩，更清爽，也更受孩子们喜爱。青菜含有丰富的维生素 C、铁、磷、钙等，也富含植物纤维。现代人饮食过于精细，多吃青菜可以补充更多的粗纤维，帮助肠胃蠕动防治便秘。

市场上的“鸡毛菜”就是青菜的嫩苗

成熟的青菜会在顶端开出黄色的小花

jì

荠

【别名】荠菜、菱角菜
【学名】*Capsella bursa-pastoris*
【家族】十字花科
【株高】0.1~0.5 米
【分布】分布几乎遍及全中国，也广泛分布于全世界温带地区
【花期】4—6 月

当叶子从基部生出，像辐条一样从中心向外伸展开，是最鲜嫩的荠菜

每年 2—3 月，是踏青采摘荠菜的好时节

白色小巧的荠菜花排列整齐，小而扁的三角包里包着种子

荠菜叶上的缺刻有浅有深：浅的叶片比较肥大；深的叶片细瘦，就像一根根鱼骨

“三月三，荠菜赛灵丹。”早春时节，包一顿荠菜鲜肉馄饨，做一碗荠菜蘑菇羹，或者煮上一锅荠菜豆腐汤，就好像把春天的生机勃勃整个儿吃到嘴里。

一年生或二年生的草本植物荠菜，是人们最熟悉的春季野菜之一。挎着小篮子、拿着小铲子去田埂或野地挖荠菜，是一件只属于春天的乐事。最鲜嫩的荠菜是在开花之前，这时的荠菜叶子从基部丛生，一片片像辐条般从中心向外展开，叶子边缘的缺刻使得叶片看起来就像绿色羽毛。掐下一截来，可以闻到荠菜特有的清香。等到了开花季，荠菜就更好认了。会有直立的茎从基部长出，上面有一些细而窄的小叶子，叶子的腋部和茎的顶部开出细小的白色花朵，如整齐排列的米粒一般。花开过后结出的果实很有趣，像个小而扁的三角包，自下而上排列在茎上，里面包着比沙粒还小的浅褐色种子。

在古代，荠菜是贫苦百姓救荒充饥的野菜，也是诗人不吝写诗赞美的佳肴。《诗经》中说：“谁谓荼苦？其甘如荠。”宋代陆游还特地为它写了《食荠十韵》：“惟荠天所赐，青青被陵冈，珍美屏盐酪，耿介凌雪霜。采撷无阙日，烹饪有秘方……”他还写出了吃货的满足：“吾馋实易足，扪腹喜欲狂。”

不光好吃，荠菜还全草入药，有利尿、止血、清热、明目、消积的功效。这小小野菜，却也有大大的功效。

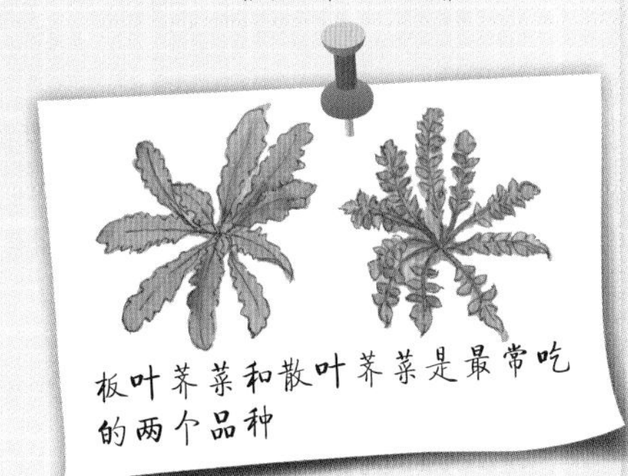

板叶荠菜和散叶荠菜是最常吃的两个品种

hàn qín
旱芹

【别名】药芹、芹菜、蒲芹
【学名】*Apium graveolens*
【家族】伞形科
【株高】0.2~1.5 米
【分布】原产地中海沿岸，分布于欧洲、亚洲、非洲及美洲，我国普遍栽培
【花期】花期 4—7 月

小伞一样的一簇芹菜花，聚集了二三十朵小花

芹菜叶子通常 3 裂，裂片是菱形的，边缘有圆润的锯齿

旱芹就是我们常说的芹菜。这种青翠的草本植物有种独特的香气，有的人避之不及，有的人一段时间不吃就会馋。不管是猪肉芹菜水饺，还是芹菜炒肉丝，只要菜肴里加入芹菜，它那浓郁的气味就会感染整道菜的口味。

芹菜喜欢凉爽湿润的气候

菜场买来的芹菜，不少都被切去了根。虽然芹菜的茎摸起来一棱一棱的，但它的根是圆锥形的，切开根部，颜色就像半透明的玉石。从根部往上，颜色从白色慢慢变成绿色，越往上绿得越浓。

芹菜独特的半月形茎

芹菜的茎又硬又直，顶端长出几根分枝。茎上的棱角和直槽是芹菜的一大特点。垂直茎横切一刀，你就能看到芹菜茎中的奥秘。每个突起的棱角，都被较粗的纤维贯穿，几十条棱角围成茎的形状近似圆。再往上，是芹菜的羽状复叶，有些人习惯丢弃芹菜的叶子，只吃茎，其实芹菜的嫩叶也可以炒着吃，只是不如叶柄和茎吃起来爽口罢了。

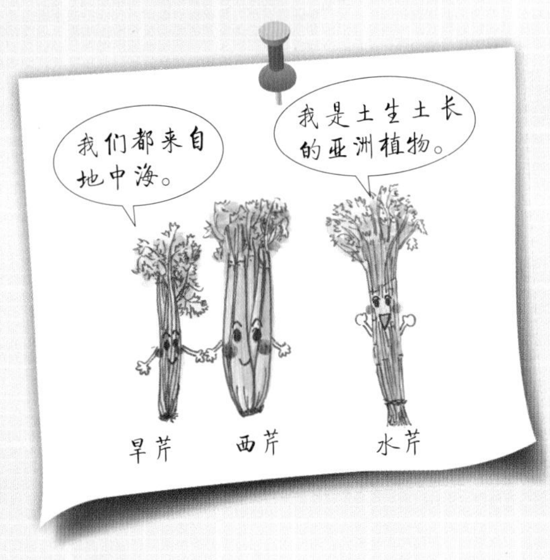

要是把切下的芹菜根插到花盆里，养上一段时间，你就能看到一簇小伞一般，或白或黄绿色的小花聚在顶端，这是芹菜的复伞形花序。花开过后，长出分生果实。芹菜果实长着尖锐的棱，每个棱槽内有油管，所以芹菜种子也有香味儿，可提取芳香油作调和香精。

zǐ　　sū

紫

【别名】桂荏、荏、白苏、荏子、赤苏
【学名】*Perilla frutescens*
【家族】唇形科
【株高】0.3~2 米
【分布】原产中国，全国各地广泛栽培，南亚和东北亚地区均有分布
【花期】花期 8—11 月，果期 8—12 月

紫苏的轮伞状花序

紫苏茎的横切面和薄荷一样是四棱形，有四个槽，茎叶含有挥发油

紫苏与白苏

紫苏叶子的正面绿色，背面紫色

紫苏的叶片吃起来有“孜然味”

紫苏是我国常见的香草，在我国栽培极广。不过不少人认识紫苏却是从西餐开始的。不管是炖牛肉、鱼肉，或是烧烤，抑或凉拌，新鲜的紫苏叶都可以将自己独特的风味，融入不同风格的美食。就算单吃紫苏，也有美味的吃法，油炸紫苏叶就是很鲜美的小吃，把蛋清、面粉和食盐调和成面糊包裹着紫苏叶，然后放入温油中炸熟了撒上椒盐，就是香脆爽口、回味无穷的油炸紫苏叶。

紫苏的叶片大多中心是绿色，周围被紫色镶了条边。新长出的嫩叶是紫色的，而植株下面的老叶是绿色的。植株全身长满了紫色长柔毛。常被用作调料的叶子是卵形或圆形的，长 10 厘米左右，前尖后圆，叶子边缘有粗锯齿，两面绿色或紫色，有时仅下面紫色上面绿色，叶柄较长，叶片对生。它的花围绕茎生长一圈，作为唇形科的植物，它浅粉色或紫红色的花冠分上下唇。

在我国古代称叶全绿的紫苏为白苏，称叶两面紫色或正面绿背面紫的为紫苏，其实白苏是紫苏的变异品种，吃法用法都相同。

cōng

【别名】大葱
【学名】*Allium fistulosum*
【家族】石蒜科
【株高】约0.5~0.9米
【分布】原产俄罗斯西伯利亚，中国普遍栽培
【花期】花果期4—7月

葱丝是饭店常用的配菜

葱白不是茎，而是葱叶的一部分

葱是厨房里最常见的日常调味品之一，把切碎的葱配上姜和蒜，在锅里爆香，不仅能给菜品去腥，还能带来让人大快朵颐的香味。除了调味，大葱也可作为主角儿，例如山东的“煎饼卷大葱”“葱烧海参”都是有名的美食。

切开一根大葱，你会发现，它那细长的、绿色的“茎”一圈套着一圈，呈圆筒状。其实，这部分葱绿是大葱的叶，只有靠近根部那段白色膨大的圆柱体才是葱的鳞茎。

葱白的外层由于干枯变薄，常变为红褐色，剥掉这层后，葱白里面的叶鞘依旧肥厚。葱绿处的叶呈圆筒状，叶片表面有蜡质，可以有效减少水分的蒸发。成熟的植株会从叶间抽出圆柱状中空的花莛，花莛顶端有个总苞膜笼罩着花序，待里面的小白花进一步成熟后外侧的总苞膜会裂开，显露出伞形花序球，球中每朵小花都有纤细的花梗，花柱细长，伸出花被外，远观像是一个毛毛球。花开过后，会长出黑色三角形种子。

除了大葱，还有一种小葱。“小葱拌豆腐”就是用这种葱做成的。不过小葱并非幼时的大葱，而是细香葱，这是一种南方常见的葱的品种。细香葱植株高三四十厘米，鳞茎聚生，栽培条件下不抽莛开花，用鳞茎分株繁殖，从以上这些特征可以与大葱鉴别。

白色的茎上方生着圆管状的绿叶

切开葱白，会看到层层包裹的叶片

山东盛产大葱，煎饼卷大葱是有名的山东美食

yuè guì
月 桂

【别名】桂冠树，甜月桂
【学名】*Laurus nobilis*
【家族】樟科
【株高】可达12米
【分布】原产地中海一带；我国江苏、浙江、福建、台湾、四川、云南等省有引种栽培
【花期】3—5月

月桂表面有蜡质层，能够减少水分损失

月桂的叶片是中餐中的调料：香叶

阿波罗和达芙妮的故事是希腊神话中有名的一篇：阿波罗嘲笑小爱神厄洛斯（罗马神话中的丘比特）不要随便玩弓箭，厄洛斯一气之下用激发爱情的金箭射中阿波罗，又用抗拒爱情的铅箭射中达芙妮，从此一场爱情悲剧开始了。阿波罗疯狂地爱上了达芙妮，为了躲避阿波罗，达芙妮变成一棵月桂树。阿波罗为了纪念达芙妮，就用月桂树枝装饰竖琴和弓箭，头戴月桂树枝编成的王冠。“桂冠”一词就是从这里来的。

希腊神话中，达芙妮变成一棵月桂树

古希腊的神话传说带来人们对月桂这种植物的崇拜。月桂被赋予了胜利、凯旋、公正、荣誉、智慧等意义。在祭祀阿波罗神的德尔斐皮托竞技中获胜的人，会受赠一个月桂花环。古希腊人也会将桂冠赠予有名的诗人。

月桂树形紧凑圆整，四季常青，是著名的园林绿化观赏树种；其叶和果实富含芳香油，可用于食品及化妆品香精。月桂的栽培现已较为普遍，但更多时候我们是在厨房里见到它：常用于烧汤、炖肉和罐头矫味的香叶，就是干燥的月桂叶片。

在古希腊，无论国王、圣贤、祭司，还是英雄、胜利者都会佩戴月桂树枝编织的花环

在中国的厨房里还有另一种土生土长，与香叶互相渲染香气的调味料——桂皮。它是干燥后的肉桂树皮，肉桂也属于樟科家族。肉桂的枝、叶、花、果都可以提制肉桂油，可用作食品、药品、化妆品的原料。

chá

茶

【别名】槚、茗、荈
【学名】*Camellia sinensis*
【家族】山茶科
【株高】通常1米
【分布】我国长江以南各省的山区
【花期】10月至翌年2月

茶农正在采摘茶叶

茶树叶片不能直接冲泡，要经过不同的工序，才能制成不同类型的茶

盛开的白色茶花会与茶树争抢水肥，早早便被修剪掉了

结有果实的茶树

有一种山茶科植物，不以花争艳，却靠着清香的叶片，征服人们的味蕾，传遍世界各地，成为世界三大饮品之一，这种植物就是茶。

在我国长江以南的不少山坡丘陵上，能看到漫山遍野的栽培茶树。立春过后的头一场雨，让茶山上久眠的茶树，从冬天的酣梦中苏醒，嫩绿的新芽占满枝头，清新鲜润，清香四溢。采摘新鲜的芽叶，还闻不出茶叶的醇香，只有经过萎凋杀青揉捻等一系列工艺，才可做成珍贵的春茶。

冲一杯新茶，碧绿的芽叶慢慢舒展开来，袅袅轻烟中有缕缕清香，黄绿色的茶汤带着春天的色泽和味道，喝下去沁人心脾。茶既可以作为普通饮品，列入“柴米油盐酱醋茶”这开门七件事，又可以“精致”起来，让人愉悦心情，得到美的感受。唐代诗人元稹有一首题为《茶》的宝塔诗，这种诗下一句比上一句多上几个字，看起来就像一尊宝塔。诗里的“香叶，嫩芽”写出了茶之形美，“夜后邀陪明月，晨前独对朝霞”写出了悠然饮茶之美好。

由于气候环境、茶树栽培种类、制作工艺的不同，不同地域茶的形貌和风味不尽相同，像西湖龙井、洞庭碧螺春、黄山毛峰、庐山云雾茶、六安瓜片、君山银针、信阳毛尖、武夷岩茶、安溪铁观音、祁门红茶就是各地有名的茶叶品种。

炒茶

huáng huā cài

黄花菜

【别名】金针菜、柠檬萱草、黄花
【学名】*Hemerocallis citrina*
【家族】百合科
【株高】0.5~1米
【分布】我国东北、华北和长江以南均有栽培
【花期】花果期5—9月

忘忧草说的就是黄花菜或萱草，《本草注》和《诗经》中都给予这种花美好的寓意

晒干的花蕾又叫金针菜，可以烹饪菜肴

萱草的花橘红或橘黄色，没有香气，主要用于园艺观赏

关于黄花菜，有一句俗语：“等到黄花菜都凉了！”意思是等待某一件事或人太久了，往往带着不满或者不耐烦的语气。这句俗语据说源于古时的湖南。在当时，当地盛产黄花菜，每逢佳节亲友聚餐，酒足饭饱之后，总有一道清炖黄花菜，作为收尾的菜肴，就像今天餐桌上最后那道果盘。要是大家畅饮过后，这道用黄花菜烧制的醒酒美味迟迟不来，难免会引来不满和抱怨，这句俗语也就这么流传开了。

黄花菜吃的是花，它是百合科的多年生宿根植物，有肉质根。夏季在叶丛中长出长短不一的花莛，基部三棱形，上部变圆有分枝，顶端长满了花朵，可达几十朵。漏斗状淡黄色的花有着淡淡香味，若开花前把小棒槌状的花蕾晒干后做成菜也残留着昔日的清香。开完花后的蒴果钝三棱状椭圆形，里面有黑色种子约20个，不过它一般是春秋两季靠分株繁殖而不是种子。

虽然黄花菜味美，但黄花菜的鲜花不宜多食，特别是花药，因含有多种生物碱，会引起腹泻等中毒现象。黄花菜自古以来就是广为人知的菜肴，这种植物的鲜花被采摘下来之后经过蒸、晒，可以加工成干菜，常被叫做金针菜，便于储存和运输，是很受欢迎的食品。

漏斗形的花朵

一株黄花菜能开出几十朵花

黄花菜的叶子长长的，有点像是兰花的瘦长叶子

作者
张军

复旦大学化学生物学专业博士，对自然界的动植物充满兴趣，业余时间喜爱种花养草，曾发表过多篇植物科普短文。现居上海，从事生物医学方面的信息处理工作。

作者
裴鹏

复旦大学助理研究员。曾从事医学分子生物学教学工作多年，近年来开设“植物改变生活”等通识教育课程，深受学生欢迎。热爱植物和园艺，也关注鸟类、昆虫和水生动物等，多次参与指导大学生野外实习。业余时间从事科普和自然教育工作。

作者
段艳芳

上海大学生物化学与分子生物学专业硕士。高级科普杂志《自然杂志》编辑、记者，负责杂志的组稿和编校等。上海市科普作家协会会员，发表科普文章数篇。

作者
常煜华

媒体人，上海市科普作家协会成员。毕业于复旦大学中文系，热爱自然科学，并长期探索趣味科普，曾在沪上主流媒体《新闻晨报》主持“人文科普”栏目。

作者
刘夙

1982 年 7 月生。2012 年毕业于中国科学院大学（中国科学院植物研究所），获博士学位。2014 年 11 月任上海辰山植物园科普部工程师，从事科普编著和科普百科网站建设。为中国科普作家协会和上海市科普作家协会会员，已发表科普文章逾百篇，参著或翻译有科普图书《基因的故事》《植物名字的故事》《万年的竞争》等 14 种。

摄影
寿海洋

北京林业大学植物学硕士，高级工程师，现供职于上海辰山植物园科普部，从事科普教育工作，主要负责植物科普展板的制作和科普手册的编写，被上海市科普教育基地联合会评为“2015 年度优秀科普工作者”。

绘者
池鸿鸥

英国诺丁汉大学可持续能源硕士，建筑设备工程师。植物科学绘画爱好者。喜爱自然花木，爱好画画，愿用画笔描绘大自然的美好。

植物手工
创意设计
郑英女

上海绿洲公益发展中心项目总监，自然公益学堂讲师，从事自然教育项目近九年，擅长自然手工、自然游戏，开发“绿果果闯自然”课程带进校园和社区。曾创作出版《叶宝宝找妈妈》绘本故事。师从自然野趣创始人黄一峯先生。

《好吃的植物》创作名录

张军

杨梅、胡桃、栗子、榆树、无花果、桑、菠菜、苋、火龙果、甘蓝、青菜、桃、苹果、枇杷、草莓、大豆、蚕豆、落花生、花椒、枣、葡萄、秋葵、中华猕猴桃、西番莲、旱芹、柿、紫苏、辣椒、番茄、茄、马铃薯、芝麻、西瓜、黄瓜、南瓜、苦瓜、向日葵、莴苣、薏苡、稻、甘蔗、高粱、普通小麦、芋头、黄花菜、葱、石刁柏、姜

裴鹏

香榧、荞麦、落葵、月桂、菰

段艳芳

莼菜、柑橘、茶

常煜华

荠、菱、玉米

刘凤

蕺菜

图书在版编目(C I P)数据
好吃的植物 / 张军等编著. —上海：少年儿童出版社，
2018.3
（发现植物）
ISBN 978-7-5589-0268-0

Ⅰ.①好… Ⅱ.①张… Ⅲ.①植物—普及读物Ⅳ.①Q94-49

中国版本图书馆CIP数据核字（2017）第301370号

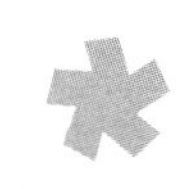

发现植物
好吃的植物
张 军 裴 鹏 段艳芳 常煜华 刘 夙 编著
寿海洋 摄影 池鸿鸥 插图
陈艳萍 装帧

责任编辑 王 慧 美术编辑 陈艳萍
责任校对 黄亚承 技术编辑 陆 赟

出版发行：少年儿童出版社
地址：上海延安西路1538号 邮编 200052
易文网 www.ewen.co 少儿网 www.jcph.com
电子邮件 postmaster@jcph.com

印刷 上海中华商务联合印刷有限公司
开本 787 × 1092 1 / 20 印张 7
2018年4月第1版第1次印刷
ISBN 978-7-5589-0268-0/N · 1072
定价 40.00元